NOUVELLE ENCYCLOPÉDIE PRATIQUE
DU BATIMENT ET DE L'HABITATION

RÉDIGÉE PAR

René CHAMPLY, Ingénieur

e concours d'Architectes et d'Ingénieurs spécialistes

HUITIÈME VOLUME

SERRURERIE

Fermetures en fer

Stores & Bannes — Serres

AVEC 345 FIGURES DANS LE TEXTE

PARIS

LIBRAIRIE GÉNÉRALE SCIENTIFIQUE ET INDUSTRIELLE

H. DESFORGES,

29, QUAI DES GRANDS-AUGUSTINS, 29

SERRURERIE -- FERMETURES EN FER

STORES & BANNES -- SERRES

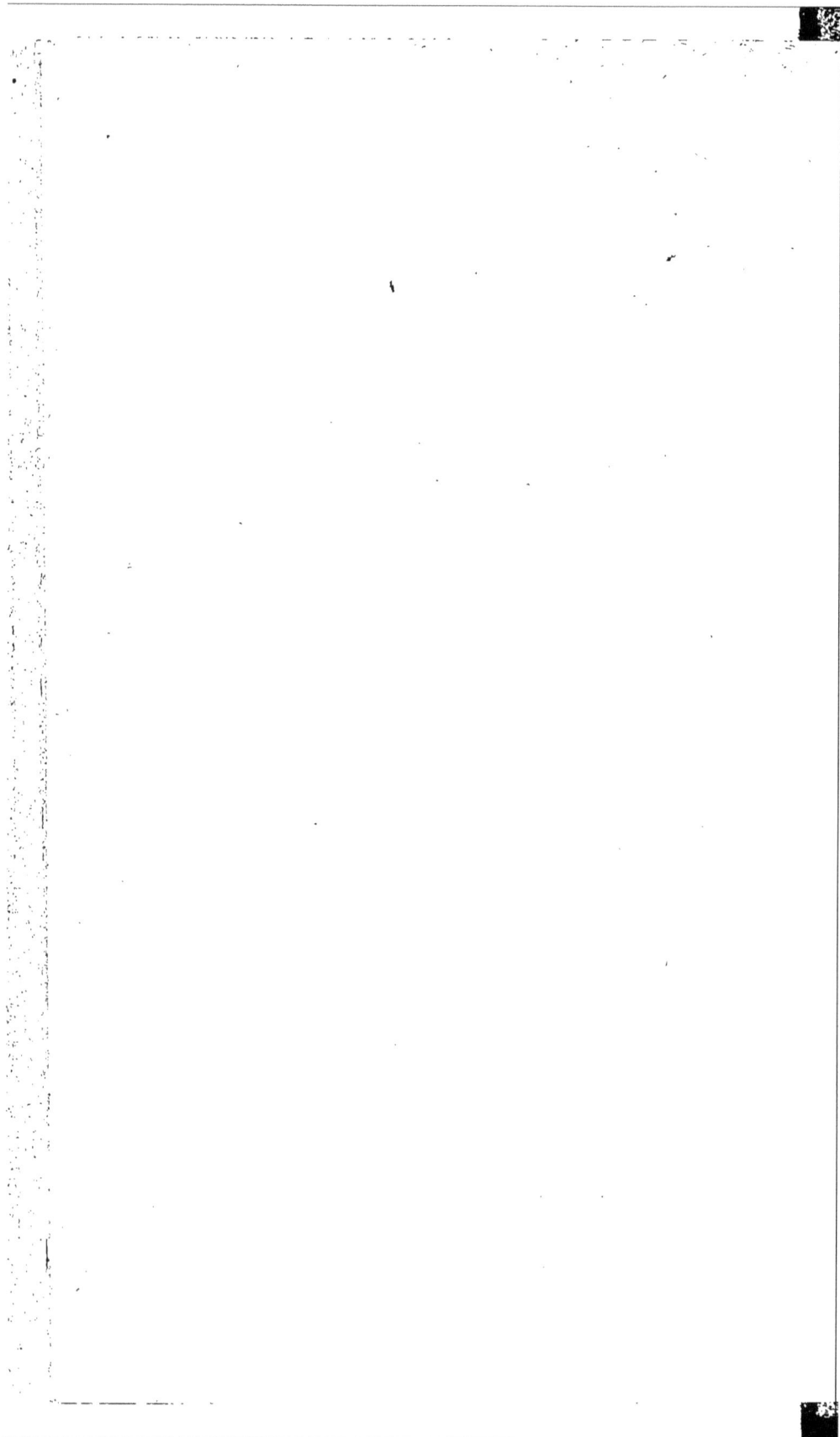

NOUVELLE ENCYCLOPÉDIE PRATIQUE
DU BATIMENT ET DE L'HABITATION
RÉDIGÉE PAR
René CHAMPLY, Ingénieur
avec le concours d'Architectes et d'Ingénieurs spécialistes

HUITIÈME VOLUME

SERRURERIE

Fermetures en fer

Stores & Bannes ⸺ Serres

AVEC 345 FIGURES DANS LE TEXTE

PARIS
LIBRAIRIE GÉNÉRALE SCIENTIFIQUE ET INDUSTRIELLE
H. DESFORGES,
29, QUAI DES GRANDS-AUGUSTINS, 29

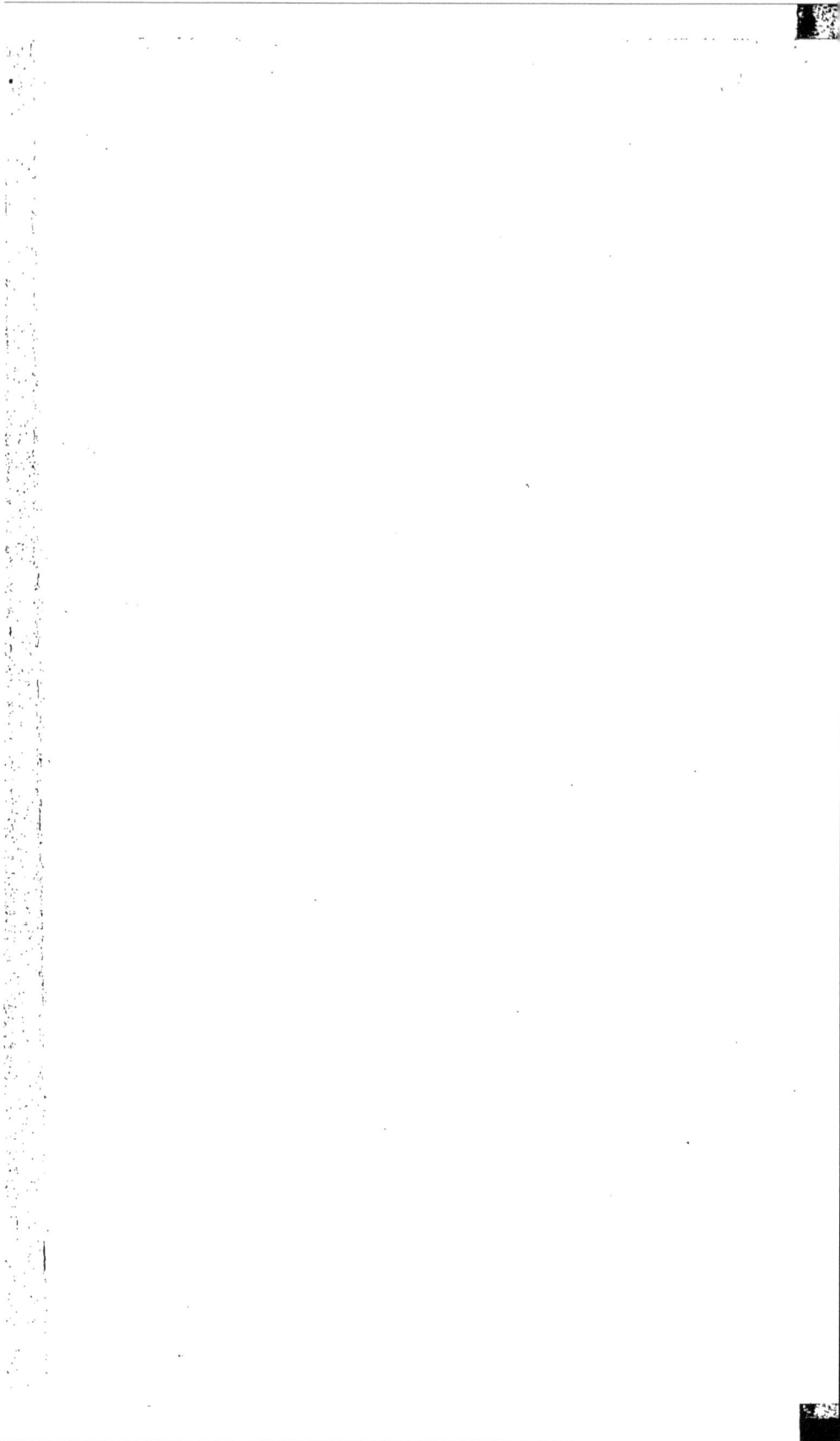

PRÉFACE

Le travail du serrurier ne consiste pas seulement dans la fabrication et la réparation des serrures, mais aussi dans la pose des ferrures sur les objets de menuiserie et surtout dans la construction de tous les ouvrages légers en fer : le serrurier remplace aujourd'hui le menuisier dans une grande partie de la construction des bâtiments où les grilles, portes, fenêtres, volets et ornements divers se font en métal. Les usines modernes fournissent au serrurier des fers profilés ou estampés, des tôles de grandes dimensions lisses ou striées, des ornements en fonte de grande valeur artistique ; les procédés actuels de travail du fer permettent de mettre en œuvre ces matériaux excellents avec rapidité et économie : la soudure autogène, les machines de toutes sortes ont transformé les anciens modes de travail du serrurier.

Nous avons dû tenir compte de ces progrès dans cette nouvelle Encyclopédie et nous passerons rapidement sur la fabrication des serrures que la quincaillerie nous offre toutes faites et d'une construction irréprochable, tandis que nous réserverons une place importante aux nouvelles méthodes de travail.

On concevrait difficilement aujourd'hui un atelier de serrurier sans force motrice pour actionner les perceuses, les meules d'émeri, etc. La meule d'émeri économise du temps et des limes dans des proportions considérables ; c'est l'outil essentiel d'un atelier du fer. Mais il faut, pour se servir de cet outil si avantageux, avoir un moteur, c'est de cette nécessité qu'il faudrait pouvoir convaincre le serrurier du village le plus infime : le moteur est un aide indispensable qui gagne largement sa journée !

RENÉ CHAMPLY.

Nouvelle Encyclopédie Pratique
DU BATIMENT ET DE L'HABITATION

CHAPITRE PREMIER

SERRURES DIVERSES

On trouve dans le commerce des serrures de toutes dimensions de 2 à 25 centimètres de longueur et d'un nombre infini de modèles, s'appliquant à toutes sortes de portes, châssis, tiroirs, grilles, coffres-forts, etc. Nous ne pouvons indiquer ici que les modèles classiques, nos lecteurs consulteront pour le surplus un album de quincaillerie.

Une serrure se compose d'une boîte en tôle qui supporte et contient les divers organes de la serrure : la face visible se nomme *palastre* ou *palâtre*, la face opposée est la couverture ou foncet ; les côtés se nomment *cloisons*, celui traversé par les *pênes* ou *verrous* se nomme *rebord, bord* ou *têtière*. Le pêne est maintenu en place par un *ressort* qui se soulève sous l'action de la *clef* et par l'intermédiaire de *caches* ou de *gorges* plus ou moins compliquées qui forment la sûreté de la serrure. La clef pousse le pêne par les *barbes* du pêne. Le pêne s'engage dans une gâche fixée sur la partie fixe du chambranle ou sur le vantail dormant de la porte. Les figures 1, 2 et 3, montrent les diverses parties ci-dessus.

La clef s'engage d'un côté dans le palâtre et de l'autre côté dans un *canon* fixé sur le *foncet* et qui déborde de l'autre côté de la porte où l'on place une petite plaque de tôle percée à la forme de la clef et appelée *entrée* (fig. 4).

L'entrée se fait aussi en bois découpé ou en cuivre orné (fig. 5). La contre-entrée est une petite plaque mobile fixée sur le palâtre avec un rivet.

La serrure est *à droite* ou *à gauche*, selon qu'elle peut se placer normalement pour servir à fermer une porte s'ouvrant à droite ou à gauche, quand on se place à l'extérieur du local. La figure 6 montre les diverses manières de considérer une serrure sur une porte pour faire la commande d'une serrure et des *paumelles* pour ferrer cette porte. Il faut aussi indiquer dans une commande au quincaillier l'épaisseur de la porte. S'il arrive que l'on veuille employer une serrure à droite dans un endroit où il faudrait une serrure à gauche, on peut le faire en mettant la serrure le haut en bas, c'est-à-dire que le *panneton* de la clef se trouve tourné vers le haut quand on l'introduit dans la serrure. Ce cas est assez fréquent.

Les diverses serrures sont :

La *serrure à veille* à clef (fig. 7) ou à poucier (fig. 8), qui sert à ouvrir un loquet.

Le *bec de cane* (fig. 9) sans clef, avec verrou (fig. 10) ou arrêt secret A (fig. 11).

Les serrures *bénardes* sont des serrures à clef qui s'ouvrent des deux côtés.

La serrure *demi-tour* dans laquelle le pêne s'ouvre avec un bouton et aussi avec un demi-tour de clé.

Cette serrure peut avoir un tour ou deux tours en sus du demi-tour (fig. 12).

Vue du côté du foncet

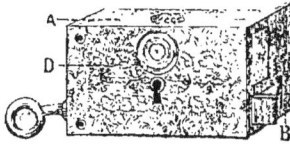

Vue du côté du palâtre

A Cloison
C Foncet

B Têtière.
D Palâtre.

fig. 1

fig. 2

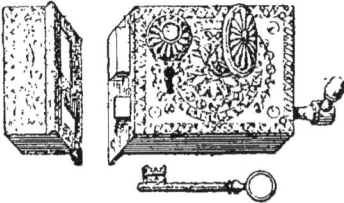

fig. 3

fig. 4

fig. 5

Paumelle à gauche

Paumelle à droite

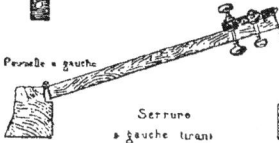

Paumelle à gauche

Serrure
à gauche tirant

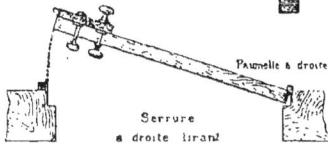

Paumelle à droite

Serrure
à droite tirant

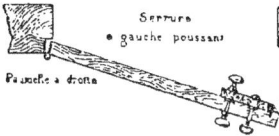

Serrure
à gauche poussant

Paumelle à droite

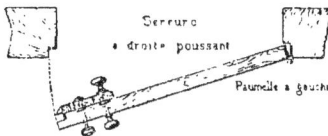

Serrure
à droite poussant

Paumelle à gauche

Fig. 6. — Indications à donner pour les mains des serrures en remettant commande. Pour les serrures n'ayant qu'une seule entrée sur le palâtre, la main se prend toujours comme ci-dessus, c'est-à-dire en regardant du côté du foncet.

La serrure *tour et demi*, employée pour portes de placards ou de logements, ne s'ouvre qu'avec une clef (fig. 13), ou de l'intérieur seulement, avec un bou-

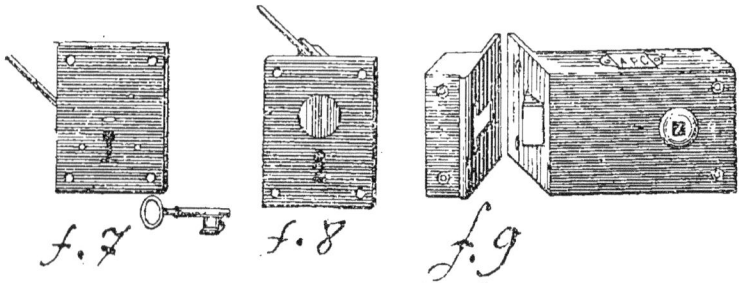

f. 7   f. 8   f. 9

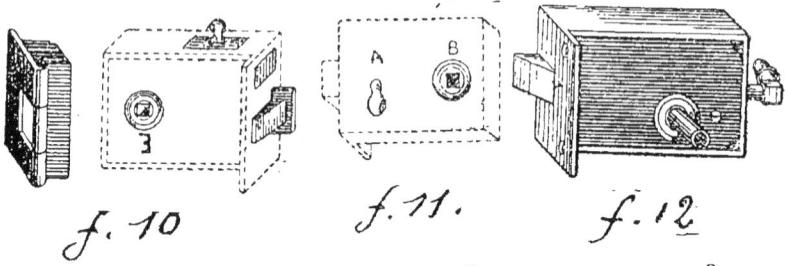

f. 10   f. 11.   f. 12

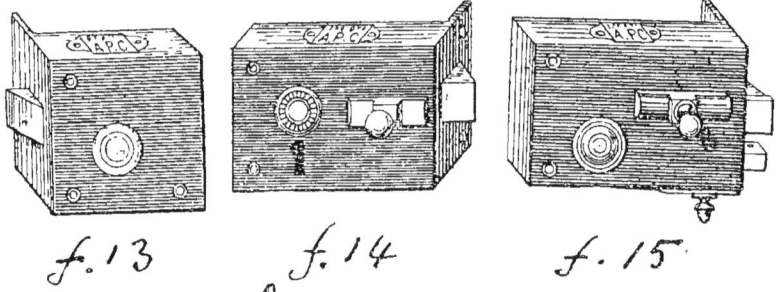

f. 13   f. 14   f. 15

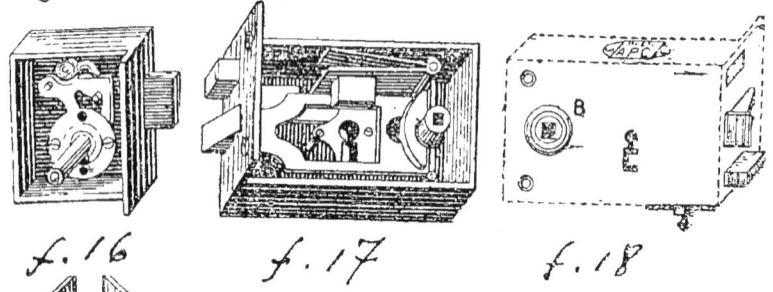

f. 16   f. 17   f. 18

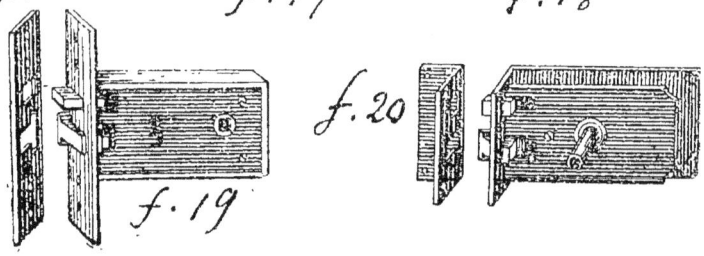

f. 20

f. 19

ton (fig. 14) ; on fait aussi cette serrure avec verrou
de sûreté (fig. 15).

Dans ces serrures, le pêne, taillé à chanfrein, se

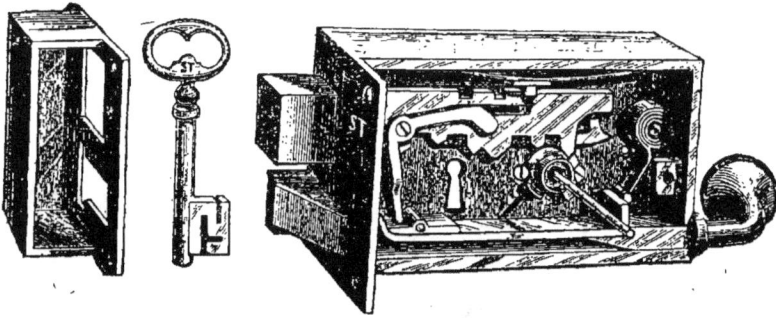

fig 21

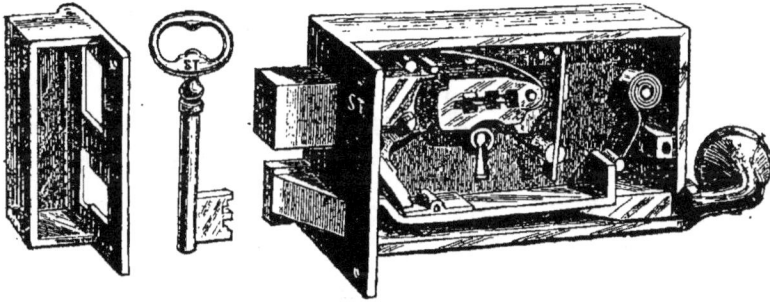

fig 22

ferme automatiquement d'un demi-tour quand on
ferme la porte en la poussant.

Dans les serrures à *pêne dormant*, le pêne ne se meut
qu'avec la clef (fig. 16). Ces serrures sont à un ou
deux tours de clef ; on les emploie pour armoires,
portes de caves, tiroirs, etc.

La serrure à *pêne dormant et demi-tour* (fig. 17) comporte un pêne demi-tour mû par un bouton et par la

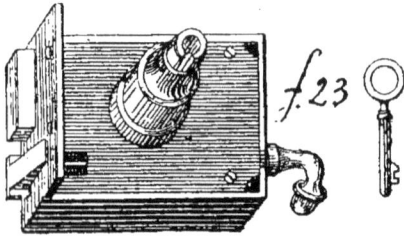

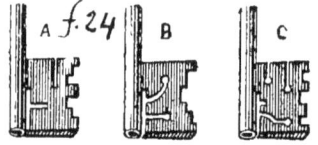

f.23

f.24

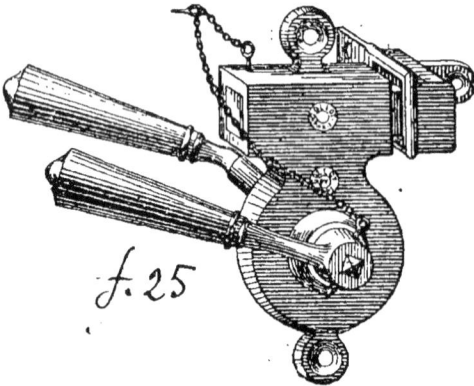

f.25

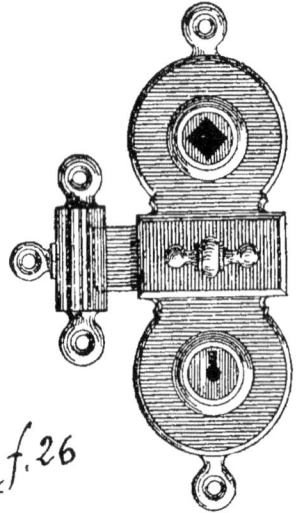

f.26

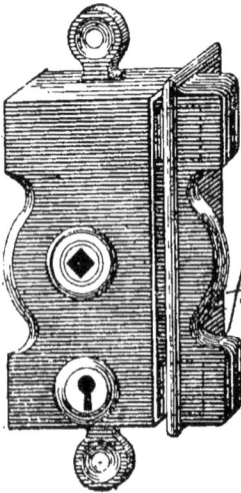

f.27

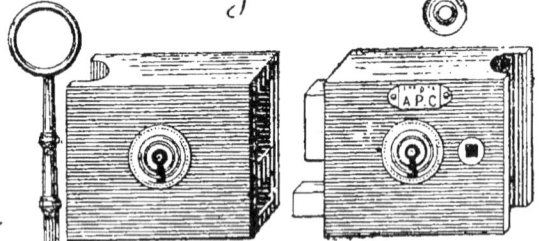

f.28

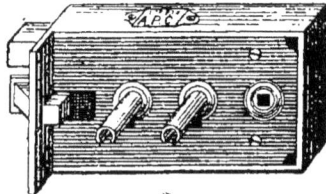

f.29

clef et un pêne dormant à un ou deux tours de clef ;
c'est la serrure des portes d'appartement, portes d'entrée, grilles, etc. On peut la munir d'un verrou à pousser de l'intérieur (fig. 18) et indépendant de la clef.

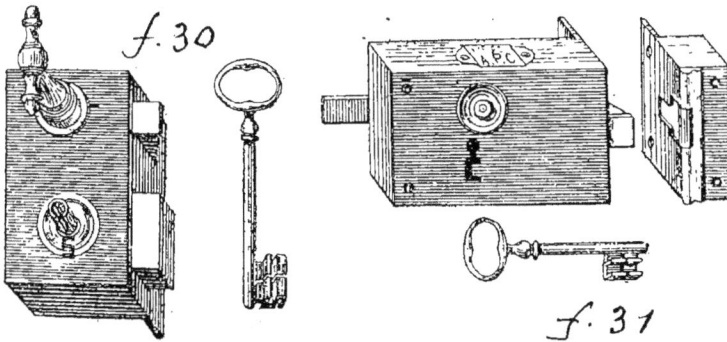

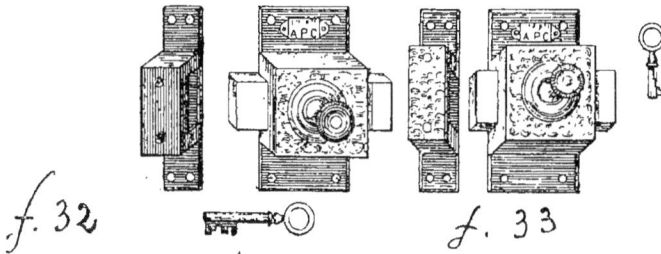

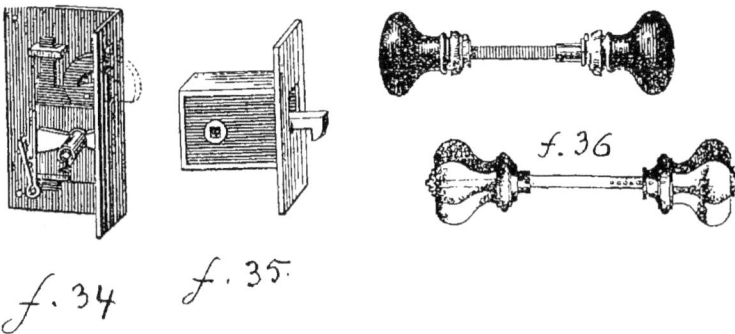

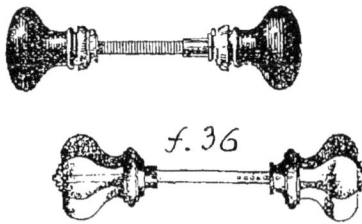

f. 30

f. 31

f. 32

f. 33

f. 34

f. 35

f. 36

Les serrures sont dites *à larder* (fig. 19) ou à *entailler*
(fig. 20) quand elles doivent être encastrées plus ou
moins dans l'épaisseur du bois de la porte ou du tiroir.

Les serrures de *sûreté* sont construites avec soin et
comportent des clefs forées et empêchant le croche-

tage de la serrure. Elles peuvent être faites dans tous les types décrits ci-dessus.

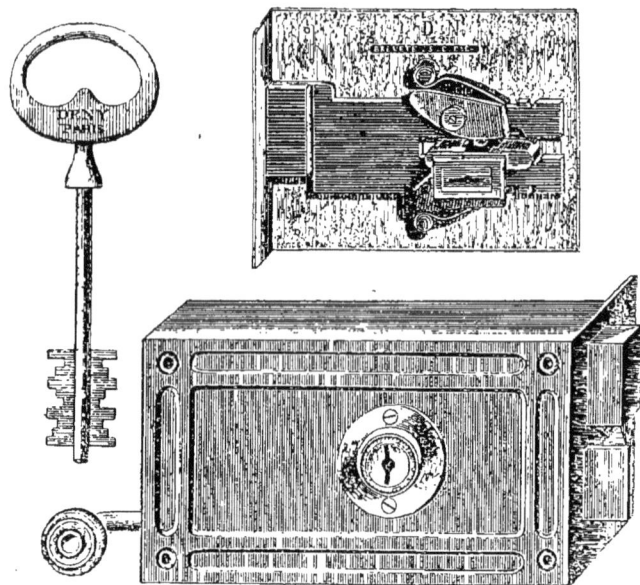

Fig. 37. — Serrures et clef Dény.

La *serrure de sûreté ordinaire* à clef forée et fendue est représentée figure 21.

La serrure de *sûreté à gorges* est absolument incrochetable ; sa sûreté est donnée par des plaquettes de cuivre ou *gorges*, au nombre de 4, 5, 6 ou 8 (fig. 22) qui se soulèvent sous l'effort de la clef et laissent passer le pêne seulement lorsqu'elles sont soulevées par une clef ayant le profil exact qui convient à la serrure.

Il existe divers dispositifs de serrures à gorges reposant sur le même principe.

Les *serrures de sûreté à pompe* ont une clef ronde qui s'engage dans un canon et presse sur un ressort pour dégager et pousser le pêne (fig. 23).

Les serrures de sûreté à clefs à *gorges* et *baroques* ont des clefs à gorges avec des fentes qui passent sur des

arrêts posés dans la serrure pour en rendre le croche-
tage impossible (fig. 24).

Les figures 25 et 26 montrent des serrures *bec de
cane* pour devantures de boutiques ; la figure 27, une
serrure de sûreté pour grille ou porte en fer ; la
figure 28 une serrure ordinaire pour grille en fer.

La figure 29 est une serrure à deux clefs différentes.

La figure 30 est une serrure de porte cochère.

La figure 31 est une serrure pour cordon de porte
d'entrée de maison à locataires.

Les figures 32 et 33 montrent deux *verrous de
sûreté* à gorges et à pompe.

Les figures 34 et 35 sont des serrures pour portes à
coulisses.

Enfin la figure 36 montre des boutons pour serrures
d'appartement.

De nombreux constructeurs de serrures ont combiné
des séries de serrures s'ouvrant toutes avec la même
clef ou passe-partout et certaines d'entre elles s'ouvrent aussi avec d'autres clefs. Ceci permet à un
maître de maison d'ouvrir toutes les portes avec une
seule clef, tandis que ses employés ou domestiques ne
peuvent ouvrir que certaines portes. M. Dény a
inventé des serrures de ce genre, représentées par la
figure 37. Ces serrures se font dans tous les modèles
précédemment décrits ainsi que pour crémones.

CHAPITRE II

FERRURES DES PORTES ET FENÊTRES

La ferrure des portes, fenêtres et volets comprend : 1º des *équerres* en fer forgé que l'on encastre dans les angles de la menuiserie pour la consolider ; 2º les *charnières, gonds, fiches* ou *paumelles* qui assurent le pivotement des vantaux ouvrants ; 3º la fermeture qui se fait avec une simple serrure pour les portes et châssis à un battant et avec *loqueteaux, crémones, espagnolettes* ou *crochet* et serrure pour les portes et fenêtres à deux ou plusieurs vantaux ; 4º la pose de divers accessoires tels que les arrêts de volets, les ferme-porte, butoirs, etc.

La figure 38 montre diverses formes d'équerres pour portes et fenêtres. Pour les menuiseries légères, ces équerres sont en tôle découpée ; pour les lourdes portes on les fait en fer plat forgé, de 7 à 11 millimètres d'épaisseur. Ces équerres s'encastrent généralement dans le bois de toute leur épaisseur et y sont maintenues par des vis à tête fraisée, invisibles ; mais on fait aussi des équerres ornementées de fleurons en

fer forgé, qui se posent alors sur le bois et y sont maintenues par des boulons à tête ciselée.

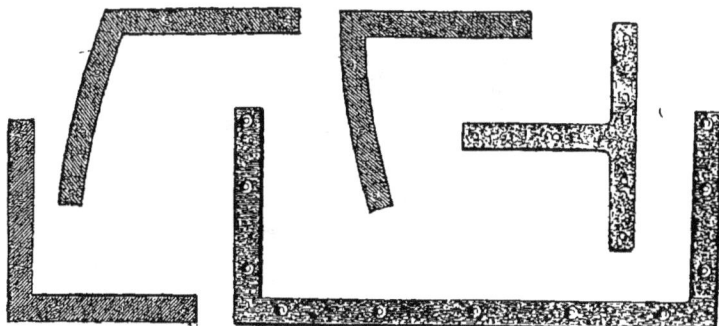

Fig. 38

La figure 39 montre les diverses formes des *gonds* à
pointe, à scellement et à fixer avec des vis à bois, sur
ces gonds tournent des *pentures* en fer forgé.

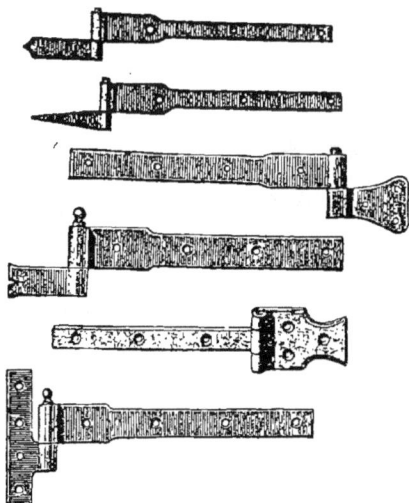

Fig. 39.

Les gonds doivent être posés à la hauteur des traverses des cadres de portes et volets, afin que les pentures soient fixées sur du bois épais ; la penture se
fixe à plat sur les traverses.

La figure 40 montre diverses formes de *paumelles* à gonds pour volets et lourdes portes.

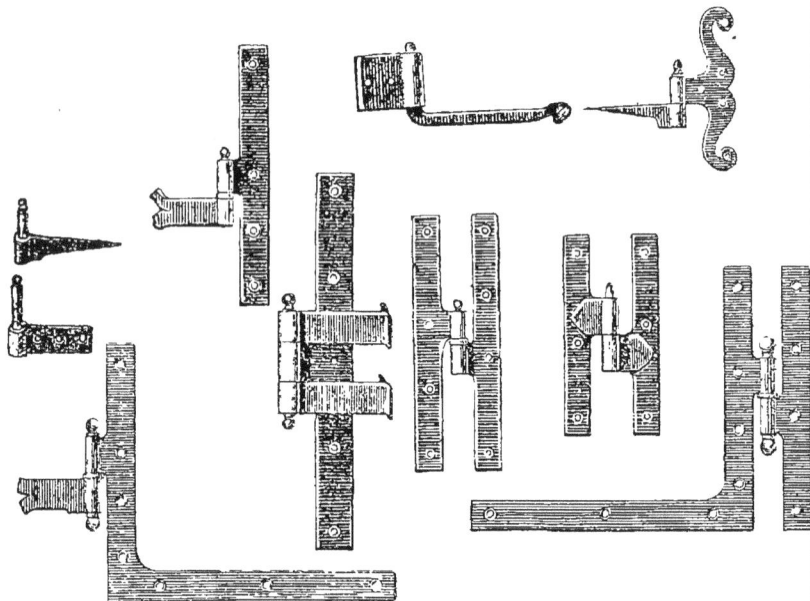

Fig. 40.

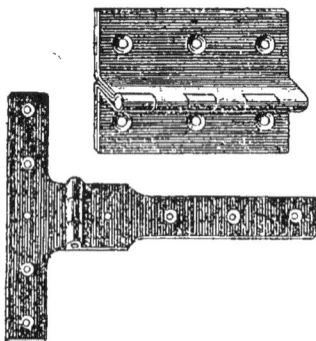

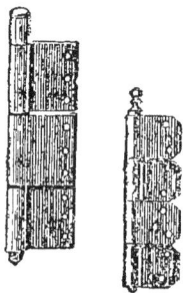

Fig. 41.   Fig. 42.

On voit, dans la figure 6, les paumelles pour portes d'appartements et la manière de les choisir à droite ou à gauche, selon le sens d'ouverture de la porte. Pour une porte ou une fenêtre à deux vantaux, il faut deux paumelles à droite et deux à gauche.

Les paumelles se fixent par encastrement sur champ du montant de rive du bâti ou cadre.

Les *charnières* se font à un, trois ou plusieurs nœuds qui sont réunis par une *broche*, elles se fixent comme les paumelles (fig. 41).

Les *fiches* sont des charnières qui se fixent dans une mortaise pratiquée avec un bédane très mince dans l'épaisseur du montant de rive ; elles sont maintenues par des clous traversant le montant et passant dans les trous dont sont percées les lames des fiches (fig. 42).

Les *couplets à pans, charnières à un ou deux coqs, les*

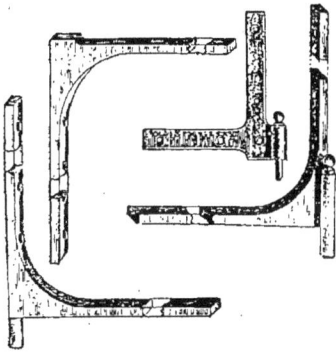
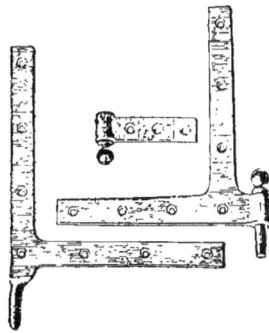

Fig. 43.   Fig. 44.

tourniquets, etc., sont des variétés des charnières et paumelles ci-dessus.

Pour le ferrage des lourdes portes de granges, on emploie des *bourdonnières* (fig. 43) à pivot et crapaudine et pour les portes cochères des pivots à équerre (fig. 44) qui pivotent en haut dans une douille et en bas dans une crapaudine fixée dans le seuil de la porte.

Pour la ferrure des portes va-et-vient, s'ouvrant des deux sens, on emploie des *pivots à fourchette* (fig. 45) ou des *pivots à hélice* (fig. 46).

Dans les figures ci-dessus, on voit que, le plus souvent, les équerres de consolidation de la porte ou de la fenêtre sont venues de forge avec le pivot ou la paumelle : on a ainsi des *pivots à équerre*.

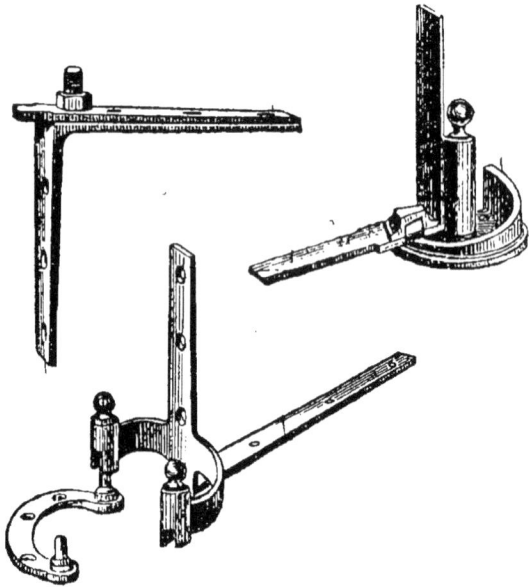

Fig. 45.   Fig. 46.

La pose des *dormants* des fenêtres et des portes se fait en les fixant aux murs par des *pattes à scellement* encastrées à *queue d'aronde* dans le bois du dormant avec une vis de fixage et scellées à *queue de carpe* dans le mur. Ces pattes se font en feuillard de 30 × 3, droites ou coudées (fig. 47).

La fermeture des portes se fait au loquet (fig. 48), au *clinche* (fig. 49), au clinche à ressort et à bouton (fig. 50) et avec les serrures dont nous avons donné précédemment la description.

Les persiennes, les châssis vitrés et les vasistas se ferment avec des loqueteaux dont il existe des centaines de modèles (fig. 51 à 54). Le loqueteau s'engage dans une *gache* ou dans un *mentonnet*. Quand la porte

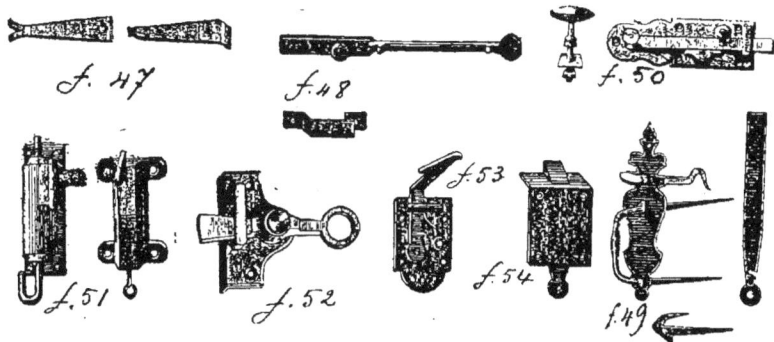

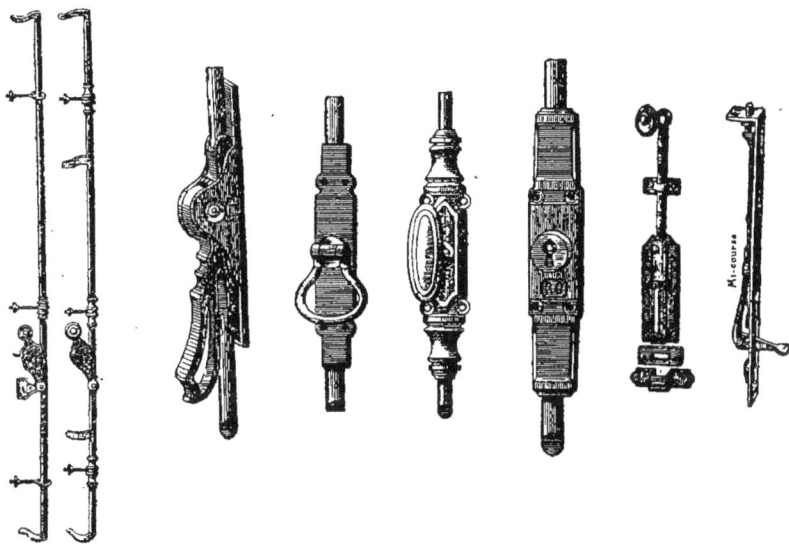

Fig 55 à 62,

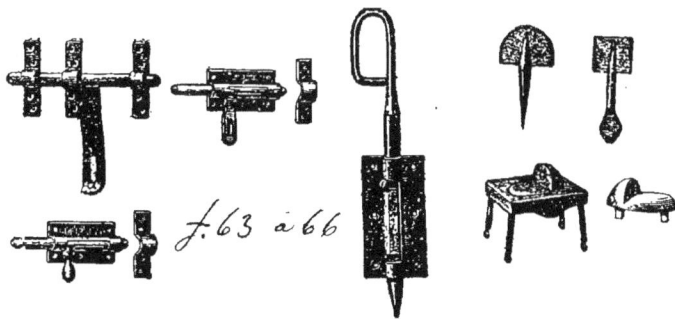

Fig. 67.

ou la fenêtre sont à deux battants, la fermeture se fait avec une *espagnolette* (fig. 55 et 56) ou une *crémone* (fig. 57 à 60). L'espagnolette tourne dans des *lacets*, elle porte quelquefois des *pannetons* (fig. 56) ou *ailerons* pour tenir les volets intérieurs fermés. La crémone a des tiges qui glissent dans des guides. Il y a

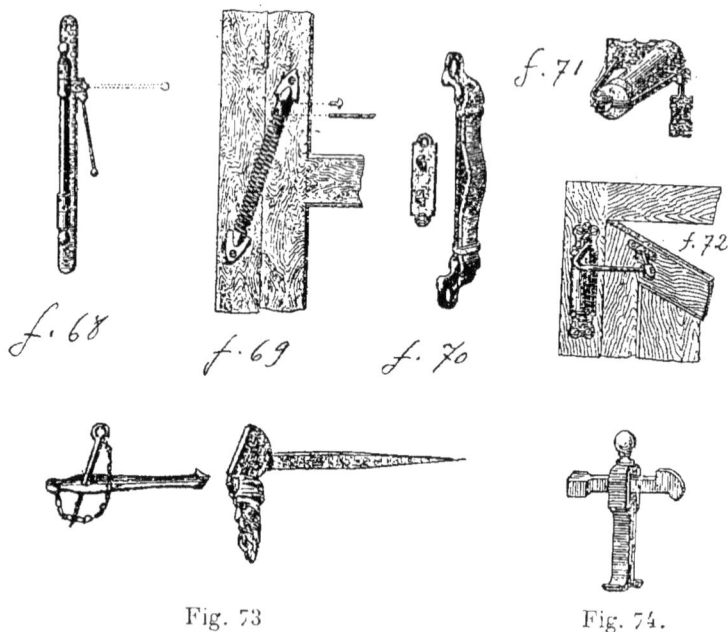

Fig. 73   Fig. 74.

des crémones à poignée, à crémaillère, à bouton, fermant à clef ; nos gravures en montrent quelques modèles. La crémone ou l'espagnolette suffisent à fermer une porte ou fenêtre à deux vantaux à gueule de loup et noix, ou à feuillure, mais il faut nécessairement ouvrir les deux vantaux à la fois.

Quand on veut laisser un vantail dormant, on met haut et bas un *verrou* dont la poignée est visible (fig. 61) ou invisible (fig. 62). Les figures 63 à 66 montrent d'autres genres de verrous pour portes communes. On emploie aussi pour fixer le battant dor-

mant d'une porte cochère, un grand crochet fixé obli-
quement sur un mur en équerre.

Les portes cochères sont munies, en bas, d'un
battement de porte en fer on cuivre ; en haut, elles
battent contre la feuillure du linteau ou du dormant.

Les *persiennes* ont aussi un battement en fer qui
les maintient en bas et en haut. La figure 67 montre
un battement de porte et un battement de persienne.

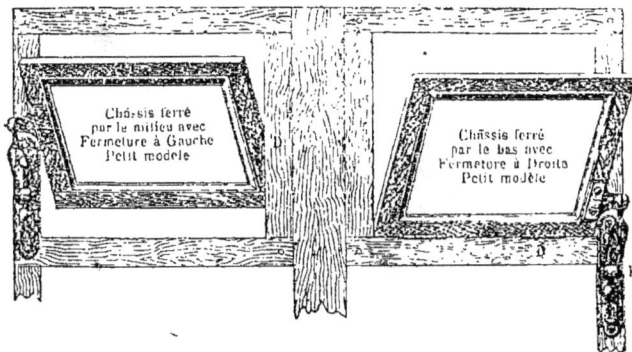

Fig. 75 et 76.

Fig. 77 et 78.

Quelquefois on pratique dans le battement de porte
un trou qui reçoit la crémone de fermeture de la porte.

Les *ferme-porte* représentés par nos gravures 68, 69
et 70 sont à ressorts acier ou caoutchouc ; la figure 71

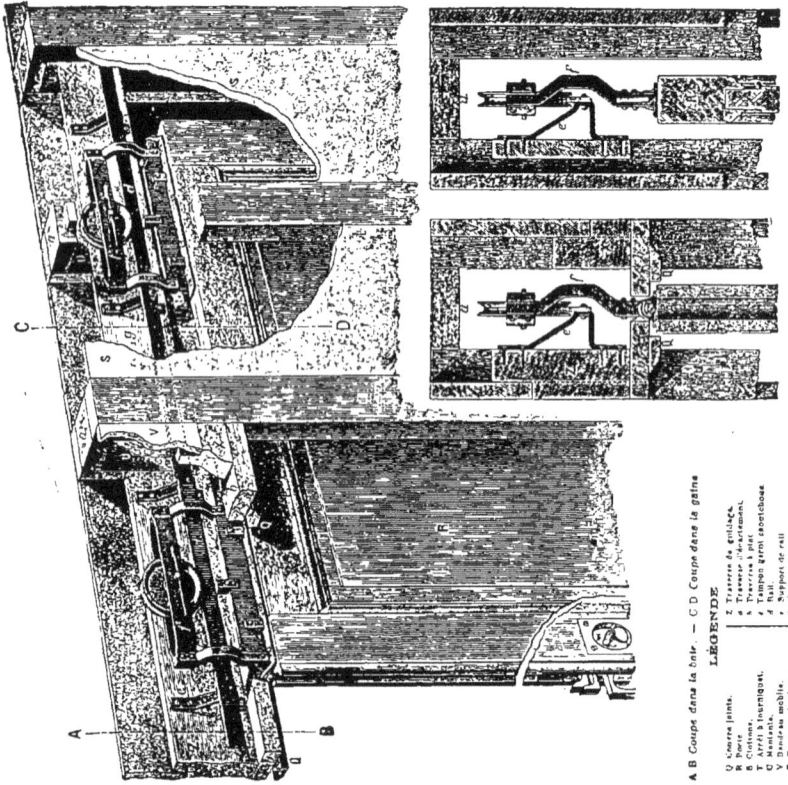

A B Coupe dans la boîte. — C D Coupe dans la gaîne

LÉGENDE

U Contre joint.	Z Traverse de guidage.
R Porte.	4 Traverse d'écartement.
S Cloison.	5 Traverse pied.
P Arrêt à inertingant.	6 Tampon garni caoutchouc.
O Montant.	1 Rail.
V Tourillon mobile.	2 Support de rail.
X Traverse de chaîne.	3 Rainure à gain.
T Guide pour rature.	8 Traverse de support.

Fig. 79.

est un ferme-porte automatique à air comprimé, se plaçant en haut de la porte.

Les accessoires de ferrage des portes, fenêtres et volets sont innombrables, citons encore les *arrêts de persiennes* (fig. 73), *arrêts de grilles* (fig. 74), les *butoirs*.

Les *châssis vitrés* ou *impostes* s'ouvrent de côté, par en bas, par en haut ou par le milieu ; ils se ferrent avec des charnières et se ferment avec des loqueteaux que l'on manœuvre d'en bas avec des ficelles ou des trin-

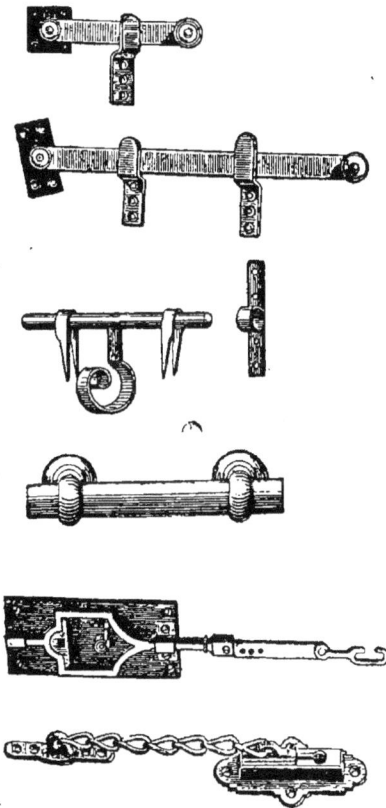

Fig. 81 à 85.

gles dont il existe de nombreux dispositifs (fig. 75 à 78).

Les *portes roulantes* ou à coulisses se ferrent avec des galets montés sur des plaques en tôle ; la figure 79 montre un spécimen de ces ferrures d'après MM. Fontaine et Vaillant.

Les volets et portes à deux battants se ferment quelquefois avec une barre horizontale, pivotant autour d'un boulon et venant reposer sur deux butoirs sur l'un desquels elle est cadenassée ou arrêtée par une serrure et un moraillon. Les figures 80 et 81 montrent ce genre de fermeture.

La figure 82 est un verrou pour porte d'étable ;

La figure 83 une poignée de porte cochère ;

La figure 84 une *chaînette* pour ouvrir du dehors les serrures à demi-tour (fig. 12, 21, 22 et 23) quand elles ne sont fermées qu'au pêne demi-tour.

La figure 85 montre une *chaîne de sûreté* qui permet d'entr'ouvrir la porte pour reconnaître un visiteur.

Toutes les ferrures de serrurerie se posent sur le bois avec des vis à tête fraisée, la tête de la vis disparaissant dans la fraisure du métal. Les ferrures se posent sur les ouvrages en fer avec des rivets, des vis à tête fraisée au pas Japy ou de petits boulons.

La figure 86 ci-contre montre la pose d'une crémone à serrure Dény sur une porte d'appartement.

CHAPITRE III

MATÉRIAUX DE SERRURERIE

La construction des ouvrages de serrurerie, tels que fenêtres, portes, grilles, balcons, serres, etc. nécessite la connaissance des matériaux à employer et de la manière d'assembler solidement les fers pleins ou profilés que le commerce met à notre disposition.

Dans le volume V de cette Encyclopédie, nous avons donné tous les renseignements sur les propriétés des fers, tôles, rivets, fontes et fers profilés du commerce. On trouvera dans ce volume la dureté des fers et aciers, les poids des fers ronds, plats, carrés et profilés les plus usuels.

Nous dirons seulement ici, qu'il faut choisir, dans les travaux de serrurerie, la qualité des fers que l'on emploie, selon les travaux auxquels ils sont destinés. Pour faire des barreaux de grilles, par exemple, on prendra la qualité de fer la plus ordinaire ; si, au contraire, il faut forger, couder à angle vif, refouler ou souder des pièces compliquées, il faudra prendre une meilleure qualité de fer.

Le fer de mauvaise qualité est cassant et se soude

mal, il se fendille au forgeage, sa cassure est brillante et à gros grains, c'est le fer *rouverain* ou *pailleux* ; il contient du soufre, de l'arsenic, du phosphore et autres impuretés.

Le fer de bonne qualité se ploie plusieurs fois sans casser, il s'étire à froid et au rouge sous le marteau, sans se fendiller ; sa cassure est fibreuse et mate : ce sont les fers au bois, fers de Lancashire, fers de Suède.

Aujourd'hui, on emploie beaucoup d'acier très doux qui remplace le fer dans tous les travaux de serrurerie, car il coûte moins cher que le bon fer et se travaille facilement en ayant une élasticité et une résistance supérieures à celles du fer ; la soudure de cet acier doux est plus délicate à bien réussir que celle du très bon fer. Nous verrons plus loin comment remédier à cet inconvénient.

On emploie en serrurerie :

1º Les *fers forgés* ou *laminés*, ronds, carrés ou plats.

2º Les *fers laminés profilés* en I, en T, en U, en Z, les *fers Zorès*, les *cornières* en L ou en V.

3º Les *fers à vitrages* et les *fers moulurés*, *fers à mains courantes*, *fers rainés*, *demi-ronds*, *triangulaires*, etc.

4º Les feuillards plats, demi-ronds, creux, bombés.

5º Les tubes en fer dits *tubes de stores*.

8º Les *fers profilés à persiennes* et *fers à jet d'eau*.

7º Les *tôles* de diverses qualités, grandeurs et épaisseurs.

8º Les *tôles striées* pour marches d'escaliers ou couvertures de caniveaux.

9º Les *fontes d'ornementation* pour grilles, balcons, portes d'entrée, etc.

On trouvera dans les gravures ci-contre des exemples de ce que le commerce nous fournit dans ces divers matériaux.

10° Des *raccords* en *fonte malléable* pour tubes fer.

Certains ornements se font en zinc coulé dans des moules en fonte représentés par les figures 87 à 90.

Fig. 87 à 90.

Ces moules permettent de faire toutes sortes de *liens* de modèles différents.

11° Enfin, on trouve dans le commerce un grand nombre de pièces estampées et dégrossies en fer, telles que équerres, compas de grilles, volutes, etc., qui, faites en séries dans des usines bien outillées, ne coûtent pas cher et facilitent le travail du serrurier constructeur pour le bâtiment.

Dans notre volume V (*Charpentes métalliques*), nous avons donné la nomenclature et les gravures des fers profilés du commerce qui sont employés aussi bien par la serrurerie que par la charpente, car ils existent dans toutes les dimensions. Les figures ci-après montrent les fers profilés et moulurés spéciaux à la serrurerie.

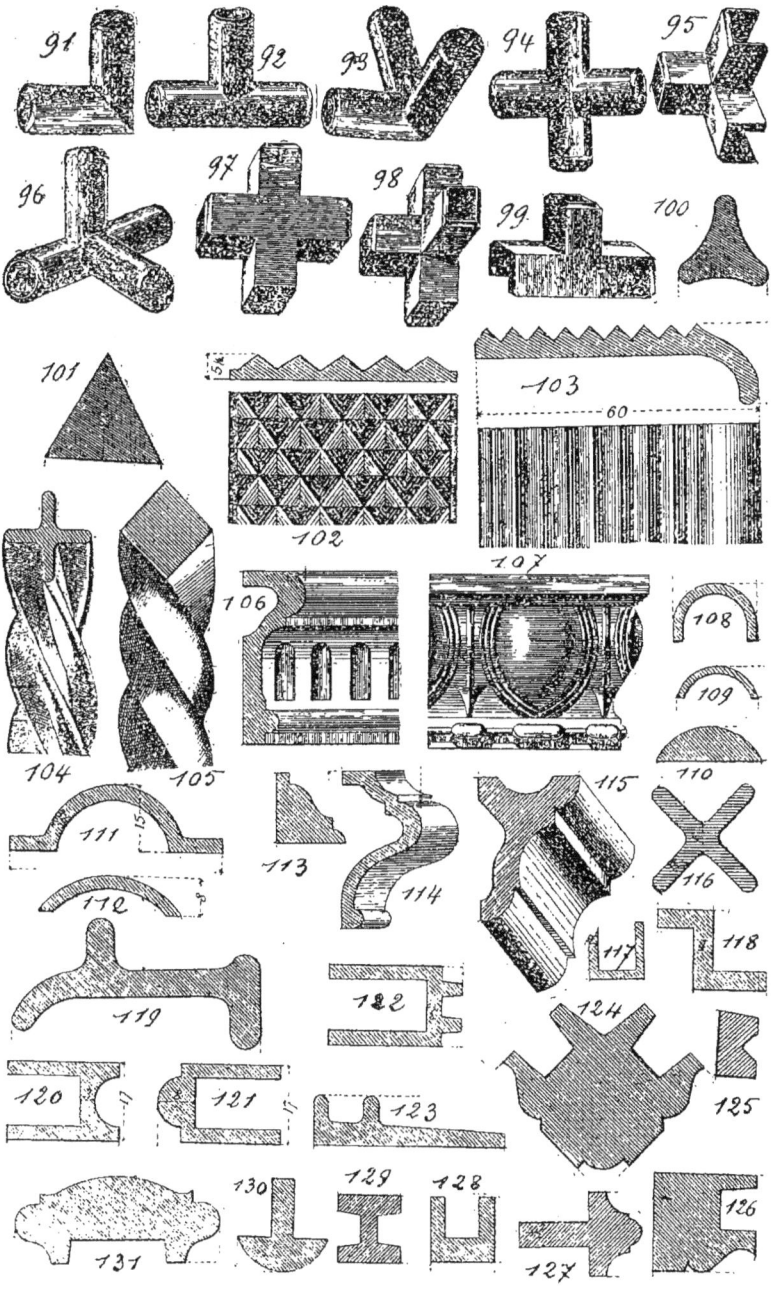

Figures 91 à 99. — Raccords en fonte malléable
pour tubes et fers U.
—   100 et 101. — Fers triangulaires.
—   102 et 103. — Tôles striées.
—   104 et 105. — Fers torsadés.
—   106 et 107. — Moulures en fer.
—   108 et 109. — Demi-ronds creux.
—   110. — Demi-rond plein.
—   111 et 112. — Feuillards demi-ronds.
—   113 à 115. — Moulures pleines et creuses.
—   116. — Fer en croix.
—   117. — U angles vifs.
—   118. — Fers en Z.
—   119. — Jet d'eau.
—   120 à 123. — Fers à persiennes.
—   124 à 126. — Fers à vitrines et bow-window.
—   127. — Fer à vitrages.
—   128 et 129. — Fers à vasistas.
—   130. — Fer à vitrages.
—   131. — Main courante.

Il existe une quantité de modèles en formes et en
dimensions dans toutes les séries ci-dessus et nos lecteurs pourront consulter à cet égard les albums de
M. Nozal, à Paris, où chaque modèle est indiqué avec
les cotes et les poids au mètre courant.

Les figures ci-après montrent quelques exemples
des fontes décoratives que les fonderies mettent à la
disposition des serruriers :

Figures 132. — Appui de croisée.
—   133. — Balcon.
—   134. — Rampe de perron ou terrasse.
—   135. — Frise de marquise.

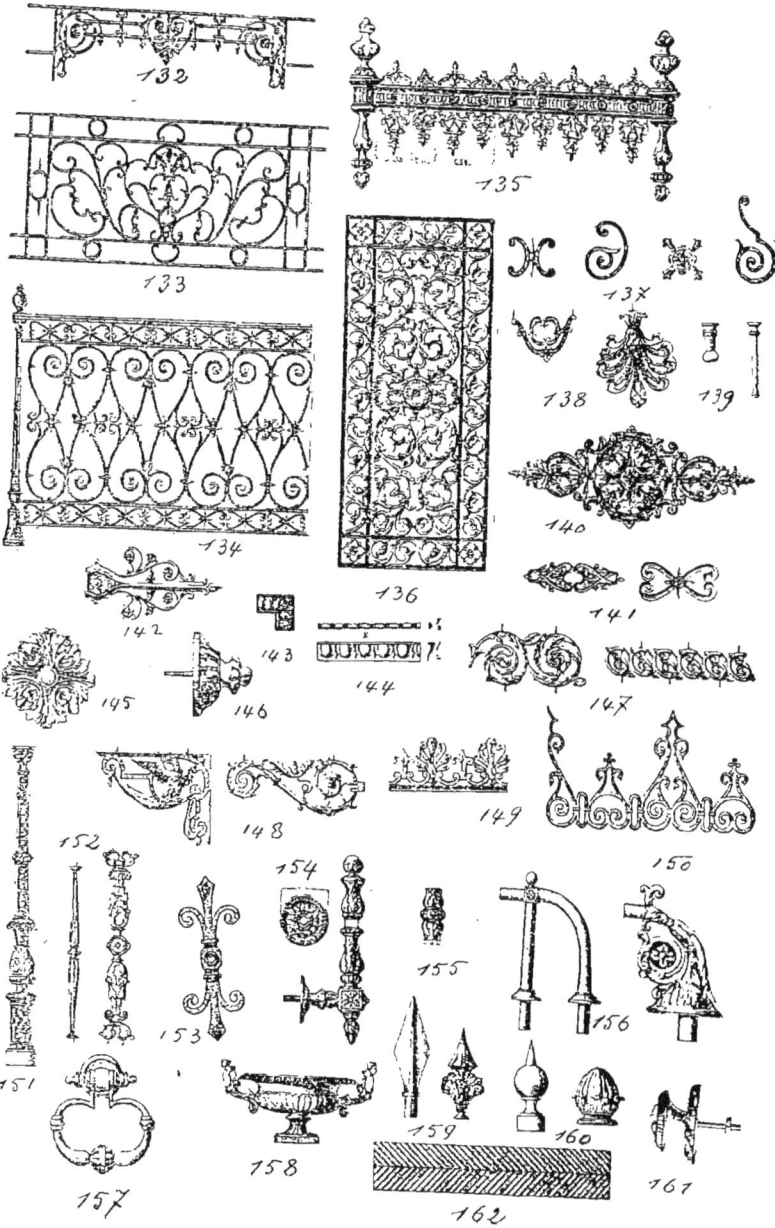

Nous donnons ci-après quelques documents du commerce, qui ne sont pas dans notre volume V, étant spéciaux à la serrurerie du bâtiment :

Dimensions en centimètres des tôles en fer puddlé et tôles en acier doux :

80 × 200	100 × 200	100 × 300	110 × 210
110 × 300	120 × 200	120 × 220	120 × 300
130 × 165	130 × 200	130 × 230	130 × 300
140 × 300	150 × 300		

Epaisseurs de 1, 1,5, 2, 2,5, 3, 4, 5 jusqu'à 20 millimètres.

60 × 200	100 × 200	110 × 210

Tôles, acier Martin Siemens

80 × 200   100 × 200   110 × 210   130 × 230   100 × 300
130 × 300   140 × 300   150 × 300
Epaisseurs de 7 à 15 millimètres.

Tôles striées

Dimensions en centimètres

2 m. × 0 m. 65   2 m. × 0 m. 80   2 m. × 1 m.
2 m. 10 × 1 m. 10   2 m. 20 × 1 m. 20   2 m. 30 × 1 m. 30.
3 m. × 1 m.

Epaisseurs en millimètres :
5 millimètres au fond de la strie.
7 millimètres strie comprise.

Tubes en fer pour grilles, stores, rampes d'escaliers
et travaux de serrurerie.

DIAMÈTRE extérieur	ÉPAISSEUR	POIDS par mètre	DIAMÈTRE extérieur	ÉPAISSEUR	POIDS par mètre
mil.	mil.	kil.	mil.	mil.	kil.
14	1,6	0,500	32	1,8	1,330
16	1,6	0,565	35	2,2	1,760
18	1,6	0,645	40	2,3	2,130
20	1,6	0,720	45	2,5	2,600
22	1,8	0,860	50	3, »	3,440
25	1,8	1,045	55	3,5	4,410
28	1,8	1,150	60	3,5	4,840
30	1,8	1,240			

Le cuivre et le zinc sont employés dans les travaux de serrurerie pour faire des ornements fondus et ciselés, estampés ou repoussés. On trouve des ornements en zinc et en cuivre faits dans des usines spéciales et en quincaillerie (anneaux, boucles, rinceaux, moulures, rosaces, frises, etc.). Le zinc et le cuivre ayant avec le fer une action électrolytique, il faut préserver les assemblages de ces métaux du contact de l'eau, soit en les abritant, soit par une peinture ou un vernis appropriés.

CHAPITRE IV

ASSEMBLAGES DE SERRURERIE
SOUDURE AUTOGÈNE

Les pièces de fer composant un ouvrage de serrurerie s'assemblent :

1º Par soudure directe fer sur fer, au *blanc soudant* ou *ressuant* à la forge.

2º Par soudure fer sur fer au moyen de *plaques soudantes* au rouge clair à la forge. L'emploi des plaques soudantes est surtout avantageux quand il s'agit de souder ensemble des plaques minces, des tubes, des ornements en tôle qui supportent mal la haute température du *ressuage* nécessaire à la soudure directe fer sur fer. Ces plaques permettent aussi de souder facilement des fers et des aciers doux dont la qualité rend difficile la soudure directe.

Nous empruntons à la Société des Plaques à souder Laffitte les gravures ci-contre qui font voir la manière de disposer les plaques à souder pour divers travaux. Cette fabrique fait aussi une poudre à souder.

Voici le mode d'emploi des ingrédients ci-dessus :
On découpe dans la plaque Laffitte C un morceau

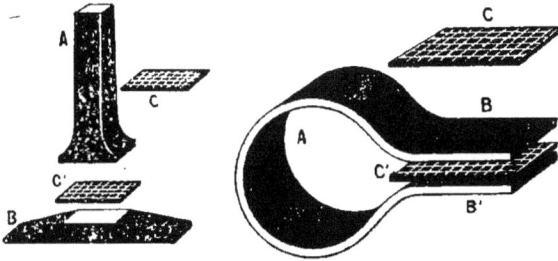

Fig. 163 et 164.

de dimensions au moins égales à la surface de jonction des pièces A et B, on met ces deux pièces au feu en même temps.

Puis, lorsque la pièce B atteint la température du blanc pâle, si c'est du fer, ou du jaune orange, si c'est de l'acier, on la retire du feu, on la pose sur l'enclume, et on applique la plaque C' sur la surface à souder.

A ce moment, on retire du feu la pièce A devant avoir atteint la température du blanc légèrement ressuant, si c'est du fer ou du jaune orange, si c'est de l'acier, on la pose sur la pièce B par dessus la plaque C' en appuyant légèrement jusqu'à ce que la plaque Laffitte entre en fusion.

Alors on frappe légèrement, pour bien faciliter un commencement d'adhérence sans déplacement des surfaces de jonction, et l'on continue l'opération en frappant et en forgeant comme d'usage. Il est bon de donner une seconde chaude.

La poudre à souder s'emploie dans des cas exceptionnels où la rigidité de la plaque ne se prête pas à la nature de certaines opérations telles que : mastiquage d'une soufflure, soudage dans un trou.

3° Par *brasage au cuivre jaune* ou au *cuivre rouge*, les

pièces à réunir étant, en ce cas, simplement juxtaposées ou retenues l'une dans l'autre par un assemblage quelconque : trou, tenon et mortaise, queue
d'aronde, enfourchement, etc. Ces assemblages sont
les mêmes que ceux des pièces de menuiserie en bois
(volume VII), la brasure les renforce considérablement.

Voici comment on doit procéder pour faire une
bonne brasure au cuivre :

Les pièces à *braser* ensemble, sont d'abord fixées
l'une à l'autre, dans la position qu'elles doivent occuper définitivement, au moyen de petits rivets ou par
des ligatures en fil de fer, le plus solidement possible.
On les a, au préalable, grattées très soigneusement, à la
lime douce, de façon que le métal soit à vif, partout
où la brasure doit se faire. Au contraire, les parties où
la brasure ne devra pas couler, sont enduites de mine
de plomb délayée épais dans de l'eau. L'ensemble est
ainsi porté sur un bon feu de forge au charbon de bois,
au coke, de préférence à la houille, qui, en tous cas,
ne devra plus fumer. Les pièces à braser sont soigneusement *calées* sur le brasier, de façon qu'elles ne puis-
sent pas se déplacer pendant le travail. On les porte
alors au rouge vif en les saupoudrant *fréquemment et
abondamment*, de borax de soude pulvérisé. Quand
elles sont bien rouges, on commence à y jeter, avec
le borax, du laiton en morceaux ou de la brasure gra-
nulée, de façon à bien garnir la partie à souder ; ou
bien on promène sur le métal rouge des baguettes ou
fils de cuivre jaune ou laiton. A la faveur du borax,
formant fondant, la brasure fond et coule de toutes
parts, en remplissant tous les interstices des parties à
réunir, qui sont ainsi *soudées au cuivre* très solidement.

On laisse alors *tomber le feu* en cessant de souffler
et quand la pièce soudée est *noire*, c'est-à-dire considérablement refroidie, on la retire du feu. Si elle avait

été retirée trop tôt, la soudure chaude aurait pu se casser et le travail eût été raté. On peut, pendant que la pièce est encore très chaude, la brosser avec une carde, ou la gratter avec une vieille lime, pour enlever l'excès de borax qui formera par la suite un *verre* très dur à la surface de l'objet brasé.

Le feu de forge doit être conduit avec beaucoup de précaution, s'il s'agit de braser du laiton avec des soudures tendres ; le moindre coup de feu fait fondre le laiton, et tout est perdu.

Avec la lampe à souder très forte, ou *lampe à braser*, ou bien avec le chalumeau à gaz, le travail peut être conduit d'une façon plus facile et plus sûre. On dispose les objets à braser sur la sole de la forge, sur un lit de charbon de bois ou de coke en petits morceaux ou simplement sur les cendres grossières de la forge, arrangées en forme de berceau, entourant l'objet de deux côtés, pour conserver mieux la chaleur de la flamme du chalumeau ou de la lampe. Le travail est conduit comme précédemment, par la seule chaleur de la flamme du chalumeau.

J'ai dit que les objets brasés se trouvaient recouverts d'une couche de borax vitrifié ; on peut leur faire subir un décapage, en les laissant séjourner quelques quarts d'heure dans de l'eau, additionnée de 10 p. 100 en volume d'acide sulfurique du commerce. Le borax disparaît rapidement ; on enlève ensuite à la lime les excès de soudure et le travail est parfait.

4° Par *soudure autogène* au chalumeau oxyhydrique (oxygène et hydrogène) ou au chalumeau oxyacétylénique (oxygène et acétylène). La soudure autogène est maintenant appliquée dans tous les bons ateliers de serrurerie ; elle permet de faire, sans risquer de brûler le métal, les travaux les plus délicats qui demandaient autrefois une habileté exceptionnelle de l'ouvrier : les feuillages, pétales de rose, fleurons, etc. en fer forgé très mince sont soudés ensemble avec rapidité et sécurité par l'autogène. De même, les fers profilés minces, à T, en U, en demi-rond creux et les tubes stores se soudent excellemment par ce procédé.

Mais le chalumeau oxyhydrique ou oxyacétylénique ne permet pas seulement de souder autogène, il permet aussi de *couper* les métaux les plus épais avec autant de netteté qu'avec la scie et avec une rapidité inouïe : ceci en réglant convenablement le jet de flamme et un jet d'oxygène pur qui oxyde et brûle le métal à l'endroit où il est chauffé. Comme exemple, une tôle de *28 millimètres d'épaisseur* est découpée pour une dépense de 0 fr. 80 par mètre courant et à raison d'un mètre par cinq minutes.

On voit, par ce qui précède, quels services le chalumeau oxyhydrique peut rendre aux serruriers ; nous donnons ci-après quelques indications sur les différents modèles :

Chalumeau oxyhydrique. — Le matériel comporte :
Un manomètre à 200 kilos pour l'oxygène ;
Un manomètre à 200 kilos pour l'hydrogène ;
Un détendeur pour l'oxygène ;
Un détendeur pour l'hydrogène ;
Un manomètre-compteur pour l'oxygène ;
Un manomètre-compteur pour l'hydrogène ;
Un chalumeau ;
Deux tubes de caoutchouc entoilés ;
Une clef à soupape ;
Une clef à écrou ;
Des becs de cuivre pour chalumeau ;
Une paire de lunettes noires en aluminium ;
Une notice pour la mise en pratique ;
Une bouteille en acier, pleine d'oxygène liquide et une bouteille en acier, pleine d'hydrogène liquide.

Pour le découpage, il faut un chalumeau spécial.

Les bouteilles vides de gaz s'échangent contre des pleines à raison de 1 fr. 25 le mètre cube d'hydrogène et 2 fr. 25 le mètre cube d'oxygène (ces gaz étant comptés à la pression atmosphérique).

Le poste complet coûte 350 francs pour la soudure et 550 francs pour la soudure et le découpage des fers.

Le chalumeau oxyhydrogène permet de souder aussi le cuivre Consulter à cet égard *Le Guide du Soudeur*, par l'Oxyhydrique française, 54, rue Philippe-de-Girard, à Paris.

La soudure autogène par l'acétylène peut se faire soit au moyen d'un générateur d'acétylène, soit en employant l'acétylène dissous et comprimé dans des tubes en acier.

Une installation de soudure autogène ou de découpage avec générateur d'acétylène comprend toujours :

1o Un générateur d'acétylène avec ou sans épurateur à Hératol, fournissant le gaz acétylène nécessaire ;

2o Un nombre variable de postes de soudure ou de découpage alimentés par le générateur.

En principe, tout appareil producteur d'acétylène peut être utilisé pour la soudure autogène. Toutefois, il est nécessaire que sa puissance soit en rapport avec le nombre et le débit des chalumeaux à alimenter, et que le gaz soit produit à froid.

La figure 165 montre l'installation d'un poste de soudure autogène avec générateur d'acétylène et réservoir d'oxygène comprimé. Le prix d'installation est de 500 à 1.000 francs, selon l'importance du générateur.

La dépense d'installation est beaucoup moindre avec l'acétylène dissous que l'on vend en tubes d'acier.

Un poste de soudure à acétylène dissous de la

Fig. 165.

Société la *Soudure Autogène Française*, coûte 260 fr. ;
il comprend :

Un manodétendeur à acétylène dissous, avec étrier ;
Une clef d'ouverture de tube à acétylène dissous ;

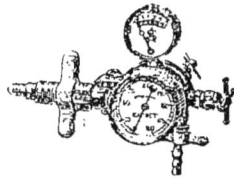

Un manodétendeur à oxygène, type mixte, pour soudure et petit découpage ;

Deux tuyaux de caoutchouc spécial de 3 mètres de longueur chacun

Une paire de lunettes vertes ;

Un chalumeau HP nº 1 à robinet pointeau avec sa

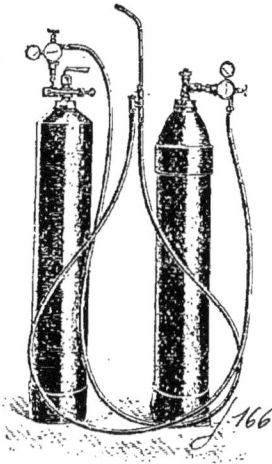

Chalumeau H P n° 1

f. 167

Manodétendeur a oxygène

f. 168

f. 169

Chalumeau découpeur " PYROCOPT "

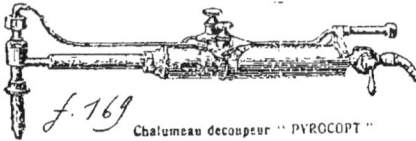

série de becs pour débits jusqu'à 1.000 litres d'acétylène à l'heure.

Les tubes d'acier contenant l'acétylène sont prêtés gratuitement et la soudure ou découpage coûte sensiblement le même prix qu'avec l'hydrogène comprimé (voir plus haut).

Les figures 166, 167 et 168 montrent les divers accessoires d'un poste à acétylène dissous.

Aucune autorisation administrative n'est nécessaire pour l'installation d'un tel poste.

5º Les assemblages des barres de fer entre elles par

tenons et mortaises, par enfourchement ou à queue d'aronde sont faits à la scie à métaux, à la mèche à percer, avec le bédane ou à la fraiseuse dans les ateliers qui possèdent cette machine-outil. On fixe ces assemblages soit par rivetage du tenon sur la mortaise, soit par des vis métaux à tête ronde ou à tête fraisée, soit même par des rivets dont les têtes disparaissent dans des fraisages faits dans l'épaisseur du métal.

6° Les assemblages par rivetage simple sont bons pour tous les fers minces et spécialement pour la fixation des panneaux de tôle sur les barreaux de fer. (Voir au volume V ce qui a trait aux rivets et rivetages.)

Ces rivetages de serrurerie se font généralement à froid.

7° Les assemblages par vis métaux à *tête fraisée*, ou *plate, tête ronde* ou *tête goutte de suif* sont employés pour des pièces minces et demi-fortes en proportionnant la grosseur et le nombre des vis à la force des fers à réunir ; il ne faut pas que la vis ait un diamètre supérieur au tiers de la largeur du fer le plus étroit.

8° Les assemblages par *goujons* vissés dans une des

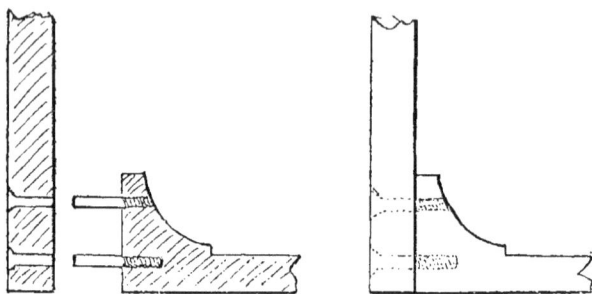

fig 170

pièces à réunir et rivés par dessus l'autre pièce dans une fraisure, comme le montre la figure 170 qui représente le fixage d'un congé ou *sabot de grille* sur le montant vertical.

La figure 171 montre, de gauche à droite, les rivets

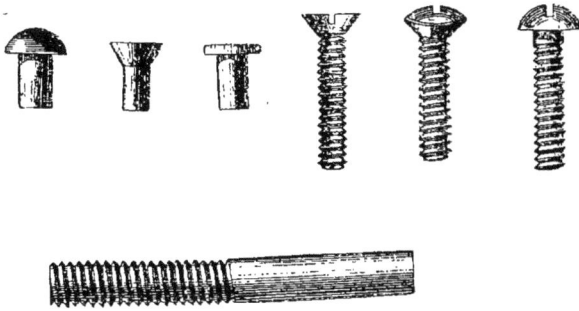

Fig. 171.

tête ronde, tête fraisée et *tête plate ;* les vis *tête plate* ou *fraisée, goutte de suif* et *tête ronde ;* en bas un goujon d'assemblage

9º Un nouveau mode d'assemblage consiste à employer des raccords en fonte malléable, représentés par les figures 91 à 99 pour réunir des fers ronds ou carrés. Le tout est ensuite goupillé, puis brasé au cuivre. Ce mode d'assemblage est très solide et pratique.

10º Les assemblages par boulons sont peu usités en serrurerie, on les emploie cependant et nous les mentionnons pour mémoire (Voir volume IV).

CHAPITRE V

OUTILLAGE DU SERRURIER

L'outillage du serrurier comporte les machines et outils que nous avons représentés pages 47 et 48 du volume V. A ces outils il faut ajouter les outils d'ajustage et de forge ainsi que certaines machines susceptibles de rendre d'utiles services : machines à refouler les fers (fig. 172), machines à cintrer et rouler les tôles (fig. 173) ; il existe des machines à *planer les tôles*, à *dresser les barres de fer plat ou profilé*, à *étirer les fers*, à *onduler les tôles*, etc.

Le *marteau-pilon* rend aussi des services au serrurier ; il y a des marteaux-pilons à bras, à vapeur ou marchant sur une transmission.

Les *balanciers à estamper* sont aussi employés dans la serrurerie pour faire les ornements en tôle ou pour exécuter des pièces en séries sur matrices.

Nous n'avons pas représenté ici les outils d'ajustage et de forge dont on trouvera les prix dans tous les catalogues des quincaillers.

Citons encore, dans l'outillage spécial du serrurier, les *moules à volutes* ou *faux rouleaux*, de différentes grandeurs (fig. 173 *bis*) et la *trousse de crochets* pour ouvrir les portes (fig. 173 *ter*).

Scellement des ouvrages de serrurerie. — Les parties des fers destinées à être scellées dans la pierre doi-

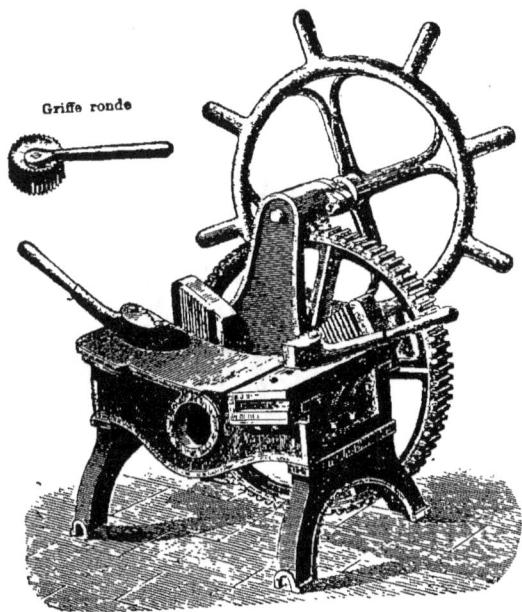

Griffe ronde

figure 172

figure 173

vent être coupées en queue de carpe ou refoulées, ou encore barbelées sur une certaine longueur pour empêcher que le fer ne puisse se dégager du scellement.

Les trous de scellement doivent être faits en *queue*

Fig. 173 *bis.*   Fig. 173 *ter.*

d'aronde, c'est-à-dire plus larges au fond qu'à l'orifice.

Les scellements d'intérieur se font au plâtre qui, en prenant, se gonfle et remplit bien le trou de scellement. Ceux d'extérieur ou pour endroits humides se font au ciment de Vassy ou mieux au ciment de Portland à prise lente qui durcit en 3 ou 4 jours ; on les fait aussi avec du soufre fondu bouillant ou encore avec du plomb. Le plomb se rétracte en refroidissant, il faut donc *mater* fortement le plomb du scellement afin de le bourrer dans le trou ; un bon procédé consiste à enfoncer dans le plomb refroidi des tiges de fer barbelées qui s'incrustent dans le plomb en le comprimant énergiquement dans le trou qu'il doit remplir.

On fait aussi des scellements avec de l'asphalte ou du mastic bitumineux employés à chaud.

Pour obtenir un bon scellement, il faut caler la pièce de fer et la soutenir en place par des étais que l'on n'enlève que lorsque le mastic ou ciment est parfaitement dur.

CHAPITRE VI

PORTES, FENÊTRES, BOW-WINDOW, GRILLES, PANNEAUX EN FER, etc.

Les avantages de la menuiserie métallique sur celle de bois sont nombreux : le fer n'est pas déformé par les intempéries, ni par les alternatives de sécheresse et d'humidité.

Les dilatations et retraits que le fer subit par suite des différences de température sont inférieures à un millimètre par mètre, tandis que les meilleurs bois se retirent de plus d'un centimètre par mètre, s'ils ne sont pas très secs, et, s'ils sont très secs, la moindre humidité les gonfle et rend le jeu des portes très difficile.

Souvent aussi les panneaux de bois se fendent et se gauchissent, ceux en fer sont indéformables.

Si l'on renouvelle de temps à autre les peintures des objets en fer, ils sont inusables et durent indéfiniment. Au point de vue de la construction des baies vitrées, les montants et les fers à vitrages étant en fer sont encore beaucoup plus petits que s'ils étaient en

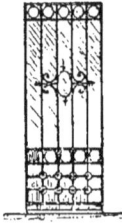
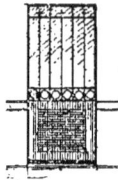
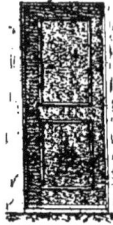

d. 174   175   176   177

178

179   180   181

183   182

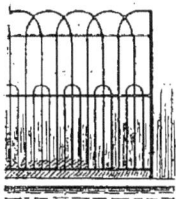

f. 184

185

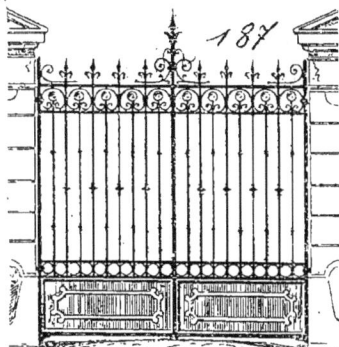

187

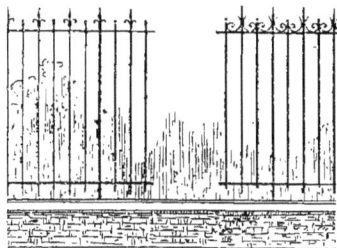

186

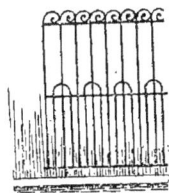

188

189

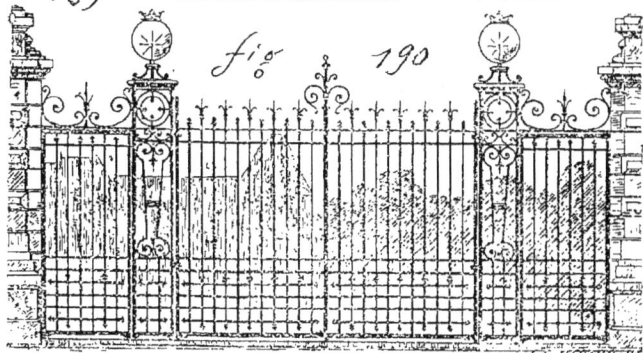

fig 190

bois; ils laissent donc plus de lumière pour une même surface de baie.

Pour les portes pleines, le fer résiste à l'incendie et à l'effraction, ce qui présente un grand intérêt, surtout dans la construction industrielle.

Au point de vue décoratif, une belle grille en ferronnerie d'art l'emporte de beaucoup sur une porte en bois. Avec les fers profilés et moulurés dont nous avons parlé précédemment, on fait maintenant des menuiseries en fer qui ne le cèdent en rien sous le rapport ornemental aux anciennes menuiseries en bois de nos appartements.

Si le fer coûte plus cher que le bois il a aussi l'avantage d'être bien plus durable et de ne nécessiter pour ainsi dire jamais de réparations.

Portes et grilles en fer.— Une porte pleine en fer se compose d'un cadre avec montant et traverses en *fer carré* ou en *fer cornière*. Ces éléments sont assemblés à tenons et mortaises ou à goujons.

Dans le travail soigné, les assemblages sont brasés au cuivre. Les panneaux sont en tôle planée de 1 à 3 millimètres d'épaisseur, rivés ou vissés sur le bâti de la porte ; on orne ces panneaux avec des palmettes, moulures, rosaces en fonte (fig. 138 et suivantes) qui sont fixées sur la tôle par des rivets invisibles. Quand les panneaux de tôle ont une certaine portée (au-dessus de 50 cm. × 50 cm.) il y a intérêt à employer de la tôle mince soutenue par une ou plusieurs traverses verticales ou par une *croix de Saint-André* en fer à T ou en fer plat qui coupe le panneau en plusieurs parties. La tôle est rivée sur ces traverses et l'on obtient ainsi plus de solidité avec plus de légèreté.

Nos gravures 174 à 183 montrent d'heureux spécimens de porte d'entrée à panneaux pleins et à grilles ornementales à un et deux battants. Pour les panneaux de portes en fonte ornée, voir figure 136.

Les grilles se font selon le même principe que les portes, c'est-à-dire avec un cadre et des barreaux rapportés sur ce cadre. Ces barreaux passent dans des trous percés dans les traverses du cadre et y sont goupillés. Dans certaines grilles très fortes, les traverses horizontales sont refoulées à chaud au droit du passage de chaque barreau et les trous sont percés de façon que le métal conserve toute la solidité malgré les trous de passage des barreaux (fig. 200 *bis*) ce qui n'a pas lieu si l'on se borne à percer les trous dans les traverses en fer méplat ou carré, sans refouler le fer.

Nos gravures 184 à 190 montrent quelques spécimens de grilles en serrurerie ordinaire ; les figures 191 et 192 sont de beaux spécimens de serrurerie d'art, avec fleurs et rinceaux en feuillages de fer forgé.

Pour arriver à concurrencer la menuiserie en bois, de nombreux inventeurs et constructeurs ont cherché à alléger considérablement les menuiseries en fer pour économiser le métal tout en ne diminuant pas sensiblement la solidité : ils y sont arrivés en employant des fers profilés ou *élégis* pour la construction des grilles ; en même temps ils supprimaient une grande partie de la main-d'œuvre par l'emploi de machines perfectionnées pour poinçonner tous les assemblages de leurs fers. Dans cet ordre d'idées, citons les grilles pour clôtures (fig. 193) de M. A. Le Tellier, constructeur. Ainsi que le font comprendre les croquis ci-dessous, les montants ou barreaux verticaux de la grille sont en fers à simple ⊤ (fig. 194 et 195) et les traverses horizontales sont des fers en ⊔. Les éléments de cette grille, qui sont de forme ration-

f. 191

f. 192

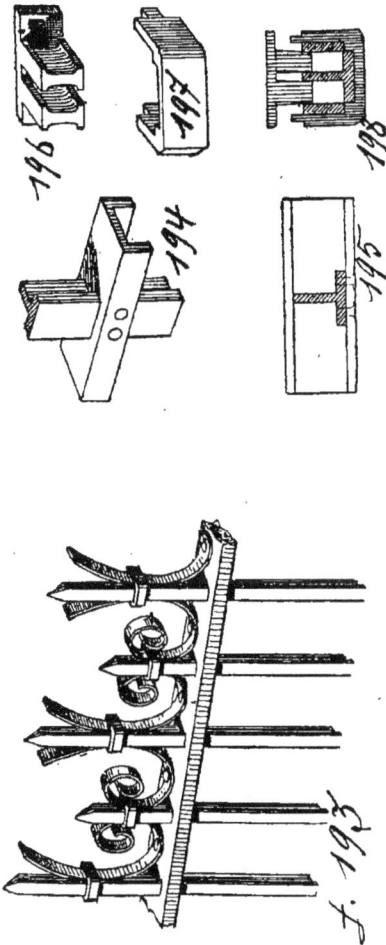

f. 193

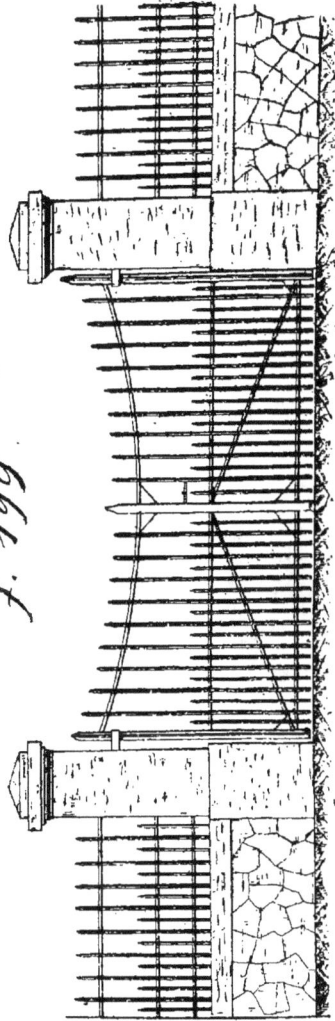

f. 199

nelle, lui donnent une grande solidité, ainsi qu'une grande légèreté.

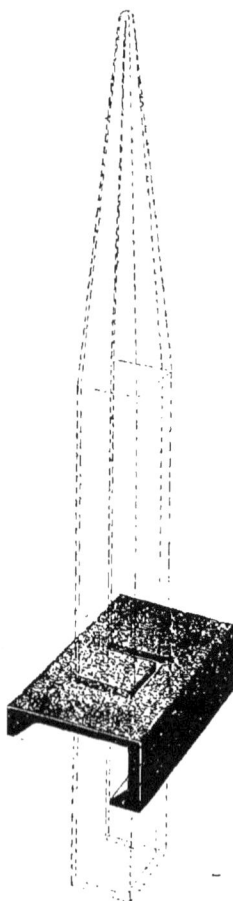

PROFIL D'UNE TRAVERSE EN CORNIÈRE MOULURÉE A TALON

COUPE D'UN BARREAU EN FER ⊔ MÉPLAT

f 200

COUPE D'UN BARREAU 1/2 ROND CREUX

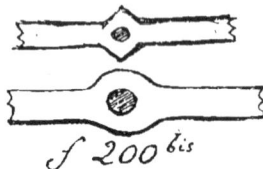

f 200 *bis*

Cette grille peut recevoir à sa partie supérieure tels ornements qu'on voudra, que l'on fixe au moyen de bagues dont la disposition représentée n'exige aucune rivure (fig. 196, 197 et 198).

Les usines Pantz, à Jarville-Nancy, fabriquent des grilles en *fer élégi* demi-rond creux depuis 2 fr. 60

le mètre courant pour la grille de clôture et depuis
12 francs le mètre carré pour les portes ouvrantes ;
la figure 199 montre ce genre de construction économique et léger.

M. Guillot-Pelletier, à Orléans, construit des grilles
dont les montants sont en fer plein, mais dont les traverses sont en fer profilé et mouluré comme le montre
la figure 200. Ces traverses sont poinçonnées pour recevoir des barreaux en fer U carré ou demi-rond
creux, ce qui forme un ensemble très léger et solide,
en même temps qu'économique.

Un autre système économique est celui des grilles
repliantes articulées. Celles de M. Jomain (fig. 201)
coûte 25 francs le mètre carré. Ces grilles sont en
fers U profilés spéciaux et en fers plats ; elles peuvent
fermer des ouvertures de toutes dimensions et jusqu'à
30 mètres superficiels. Les fermetures articulées sont
employées pour former clôture ou barrière, elles laissent passer l'air et la lumière et permettent de voir
les objets qu'elles protègent.

Nous les retrouverons à propos des fermetures de
devantures de boutiques.

Pour faire des panneaux légers on emploie beaucoup les tôles perforées (fig. 202) ou gaufrées (fig. 203)
dont il existe de nombreux modèles ; citons aussi les
grillages *ondulés sans torsion* en fil d'acier carré ou
rond, représentés par les figures 204, 205, 206 ; ces
grillages insérés dans des cadres en fer U forment des
panneaux très rigides, légers et d'une bonne tenue ; on
les emploie pour les clôtures et portes d'extérieur,
basse-cour, tennis, et pour les grillages d'intérieurs
(banques, magasins, etc).

Fenêtres en fer. — Les fenêtres en fer se composent
d'un cadre en fers carrés ou profilés cornières ; on
met en bas un rejet d'eau (fig. 119). Les petits bois

Fig. 201 à 206.

se font en fers à T ou en fers à vitrages (fig. 127). Les recouvrements sur le dormant se font soit avec des plate-bandes en feuillard rapportées sur le cadre, soit avec des noix et gueules de loup en fers profilés spéciaux. Il en est de même pour la fermeture des vantaux dans les fenêtres à deux battants. Les cadres dormants se font en fers cornières ou profilés et l'on met en bas une pièce d'appui en fonte dans le genre de celle que nous avons représentée au volume *Menuiserie en bois*.

L'assemblage ordinaire des petits bois en fer consiste en entailles à mi-fer (fig. 1, 2, 3 de la planche 207); il a l'inconvénient d'enlever à chacun des petits bois toute sa force, à l'endroit le plus fatigué. L'assemblage (système Pantz) laisse aux petits bois leur maximum de force ; l'un d'eux est intact et passe pour ainsi dire au travers de l'autre dont la tête est contrecoudée à cet effet (figures 4, 5, 6 de la planche 209), de façon à obtenir les feuillures dans le même plan. Ils sont ainsi rendus solidaires et leur assemblage est d'une rigidité et solidité complète.

Les figures 208 à 218 montrent des fenêtres économiques en fers cornières et à T, construites par les usines Pantz et qui reviennent aux prix ci-dessous :

Fenêtres d'usines de défense fixe	—	7	20
— vitrage fixe	—	5	20
— vitrage ouvrant	—	12	50
Impostes d'usines fixes....................	—	5	60
— ouvrants	—	14	50
Châssis de combles fixes...................	—	3	90
— ouvrants	—	8	»
Portes à 1 ou 2 vantaux vitrages fixes	—	5	20
— vitrages ouvrants ...	—	12	50
— panneaux tôle	—	28	50

La gravure 219 montre les divers éléments d'une fenêtre système Mazellet, en fers profilés spéciaux et en bois. Mais dans cette construction les parties en bois peuvent être remplacées par des fers profilés, de

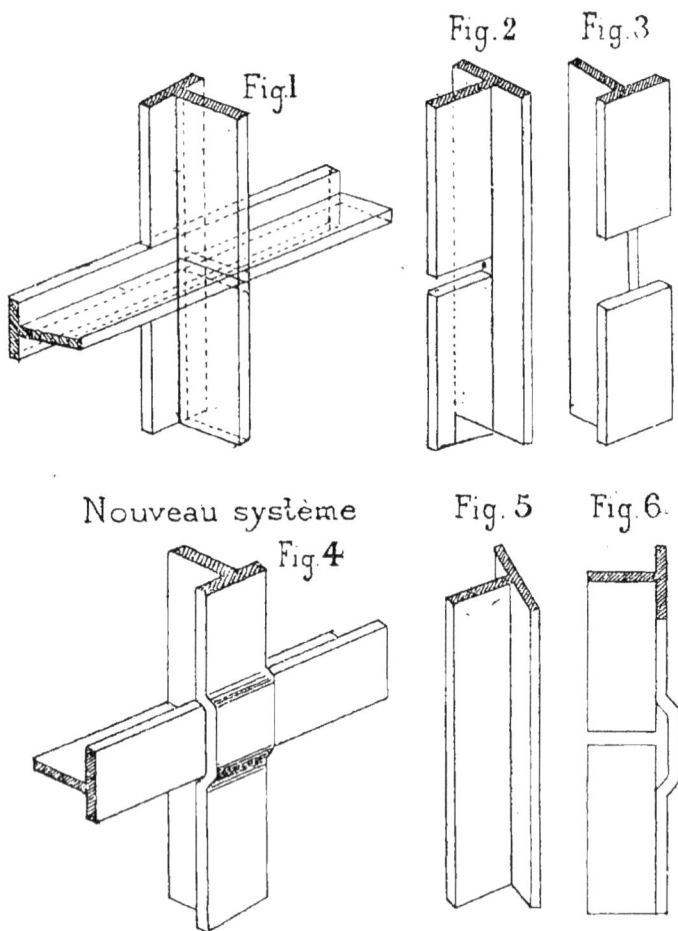

Fig. 2 Fig. 3

Fig.1

Nouveau système Fig. 5 Fig. 6

Fig. 4

Fig. 207.

façon à obtenir une fenêtre entièrement métallique.

On voit sur la planche 219, fig. 6, le rejet d'eau ; fig. 7, la pièce d'appui.

Cette construction est solide et élégante, mais elle est beaucoup plus lourde et plus coûteuse que la construction en fers cornières et fers à T.

Châssis à tabatière. — Voir le volume *Couverture des* bâtiments.

Fig. 208 à 218.

Baies métalliques. — Ce sont des châssis vitrés fixes ou ouvrants destinés à fermer de grands espaces. On les construit comme les fenêtres et les figures 208 à 218 en donnent des spécimens.

Voir figures 177 et 178 du présent volume.

Bow-window. — On les établit soit sur un balcon, soit sur des consoles très solides posées pendant la

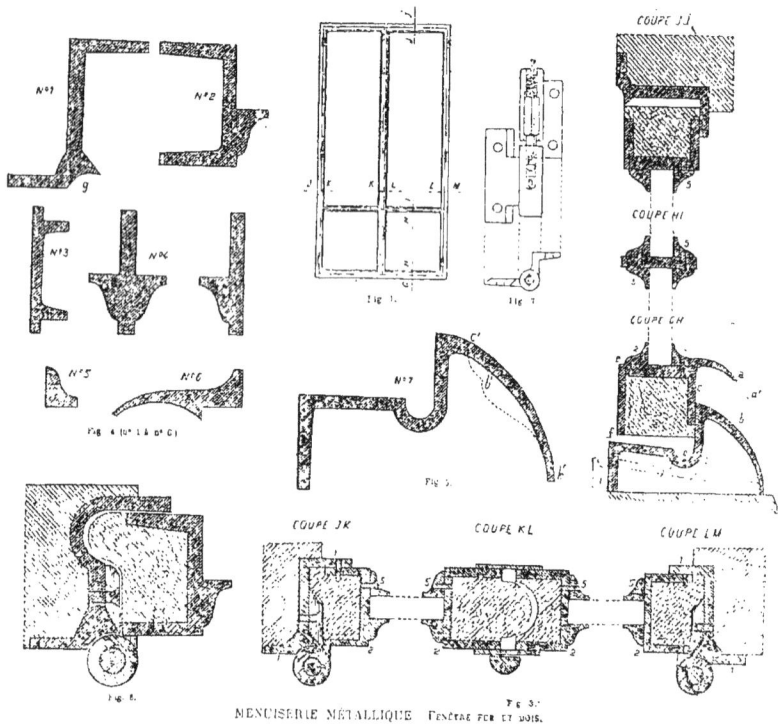

Fig. 219.

construction du bâtiment, au niveau du plancher du premier étage ; en comptant 0 m. 40 pour l'épaisseur du mur et 0 m. 50 de saillie extérieure, on voit que la profondeur que le bow-window fait gagner à l'appartement est de 0 m. 90, ce qui permet d'y faire un jardin d'hiver et d'en tirer un agréable parti. Les bow-window comportent deux *pilastres* latéraux, deux faces latérales planes ou courbes, vitrées et une façade dont un ou plusieurs châssis vitrés, s'ouvrent vers l'intérieur. Les pilastres se font en fonte ornée ou mieux en fers U assemblés par des rivets.

Coupe

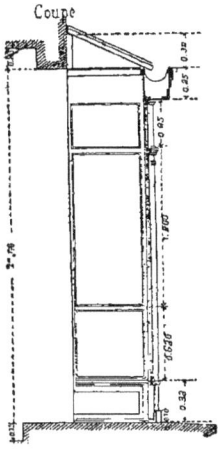

$f. 221$

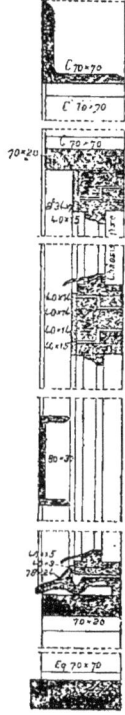

$f. 222$

PLAN $f. 220$

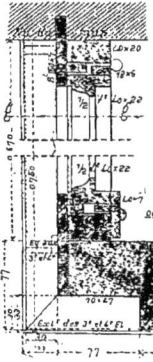

$f. 223$

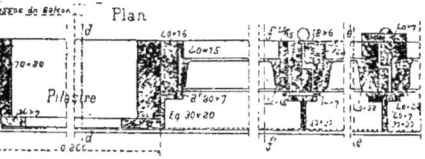

Plan

Pilastre

La fig. 220 montre la façade d'un bow-window e｜
fer d'après MM. Swartz et Meurer, de Paris ; il com｜
porte trois étages et repose sur des consoles.

La figure 221 est l'étage supérieur d'un bow-wir｜
dow, il comporte une toiture inclinée en zinc et u｜
chêneau.

La figure 222 montre la coupe verticale de cett｜
construction, on y remarque les pièces d'appui et le｜
jets d'eau des parties ouvrantes ; le tout est en fe｜
profilé.

La figure 223 est le plan détaillé, en coupe, d'u｜
bow-window ; les parties ouvrantes sont à recouvre｜
ment par feuillures et sont construites en fers à T e｜
en fers à vitrages. Les pilastres sont formés d'u｜
assemblage de fers méplats, ils seraient aussi plus ri｜
gides et plus légers s'ils étaient formés d'assemblage｜
de fers U (voir le volume *Charpentes métalliques* (Pi｜
liers).

Les bow-windows se font en toutes dimension｜
en largeur, depuis 1 m. 20 jusqu'à 3 mètres. Leur pri｜
de revient est de 100ʋ à 2000 francs par étage se｜
lon dimensions et ornementation.

Les panneaux se font soit en tôle, soit en céramiqu｜
encastrée dans les fers profilés.

CHAPITRE VII

BARRIÈRES, CLOTURES, BALCONS,
RAMPES D'ESCALIERS

Les clôtures en fer les plus économiques se font avec des poteaux en fer I, en fer T ou en cornières (pour les angles) scellés dans le sol avec un peu de béton de ciment portland et arc-boutés par des jambes de force aux angles, comme le montre la figure 226. Entre ces poteaux on tend des fils de fer galvanisés ou des ronces artificielles. Quelquefois ces fils de fer passent dans des trous percés dans lesdits poteaux. La tension des fils de fer ou des ronces artificielles est faite par un *tendeur* à clef et rochet (fig. 226 à droite et à gauche). Une clôture plus effective est obtenue en déployant un treillage en fil de fer galvanisé que l'on attache aux poteaux et à de gros fils de fer tendus d'un bout à l'autre (fil de 4 à 5 millimètres de diamètre ; un poteau tous les 2 à 3 mètres).

La figure 228 montre une clôture en fer plein ou en fer élégi dont les barreaux verticaux sont simplement rivés sur deux traverses horizontales. Au-dessus

5

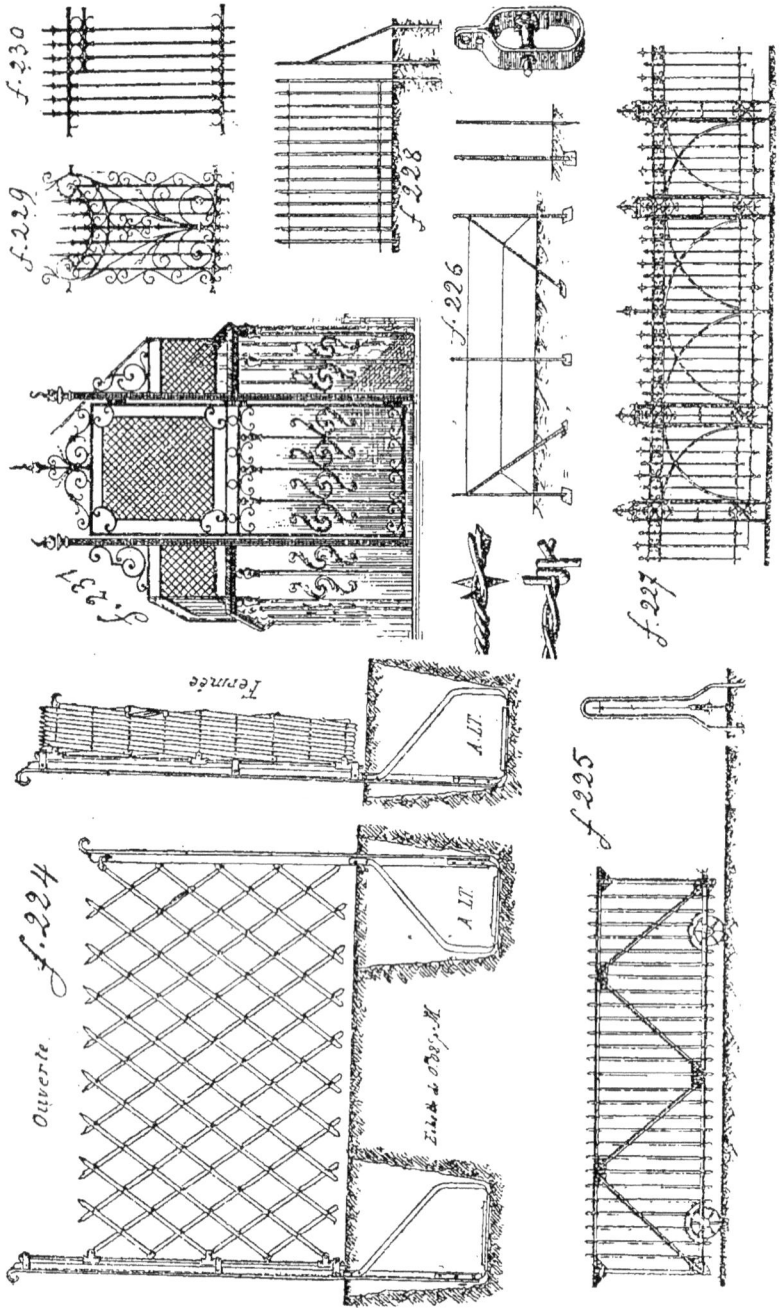

f. 230

f. 229

f. 228

f. 226

f. 227

f. 231

f. 225

f. 224

Ouverte.

Fermée.

A. II.

A. II.

Étude de 0?89. M

d'un mètre cinquante de hauteur totale, il faut trois traverses horizontales.

Les clôtures ci-dessus se posent souvent sur un mur en pierres ou en briques ayant 0 m. 25 à 0 m. 80 au-dessus du sol.

La figure 227 est une barrière en fer forgé avec portes ouvrantes ferrées sur des piliers renforcés. Cette barrière se construit avec des barreaux verti-caux passés et goupillés dans les trous des traverses horizontales qui sont en fer méplat.

La figure 224 montre une barrière articulée en fers plats qui se replie contre son poteau de support et de pivotement. Les charnières sont remplacées par deux sortes de crapaudines qui embrassent une barre de fer rond.

La figure 225 est une barrière roulante sur un rail scellé dans le sol : ce genre de barrières est utilisé dans les passages à niveau des chemins de fer ; elle com-porte un solide cadre en fer cornière entretoisé d'é-charpes avec goussets en tôle ; les barreaux verticaux sont rivés haut et bas sur les cornières horizontales. Les galets sont en fonte de 0 m. 20 de diamètre. Le mouvement de va-et-vient de la barrière est guidé par des pilastres en U renversé sur l'un desquels on peut verrouiller ou cadenasser la barrière au moyen d'un moraillon.

Les figures 229 et 230 sont des grilles de fenêtres ou baies vitrées, scellées dans les ébrasements des baies ; l'espacement des barreaux est de 0 m. 12 à 0 m. 15, ces barreaux sont enfilés dans les trous percés dans les traverses horizontales pour éviter les effractions ; ces traverses se terminent de chaque côté en *queues de carpes* pour le scellement.

La figure 231 représente un entourage de cage d'as-censeur ou monte-charges ; la partie haute est ici en treillage de fil de fer carré ondulé. Quand les cages d'ascenseur sont très étroites, il est nécessaire de prolonger ce treillage du haut en bas de la cage, afin d'éviter que les personnes qui montent ou descendent l'escalier ne soient accrochées par l'ascenseur. La porte de la cage d'ascenseur est munie d'une serrure spéciale qui ne peut s'ouvrir du dehors que lorsque l'ascenseur est en face de la porte et arrêté. Nous en reparlerons au volume spécial sur les ascenseurs et monte-charges (volume 14).

Les balcons ou appuis de fenêtres se font soit entièrement en fonte (fig. 132, 133 et 134) soit en fer pour les traverses et les montants principaux avec interposition d'ornements ou *entre-deux* en fonte, de pontets, de palmettes et rosaces en fonte (fig. 137, 138 et 139), soit entièrement en fer forgé, comme le montrent les figures 232, 233 et 234.

L'inconvénient du balcon entièrement en fonte est la fragilité de la fonte qui peut se briser par un choc ou simplement par le froid vif, aussi doit-on toujours mettre au-dessus du balcon en fonte une *main courante* en fer (fig. 131) ou en fer plat recouvert de bois, cette barre de fer étant scellée dans les murs du bâtiment et vissée dans la fonte par trois ou quatre vis métaux à tête noyée dans le fer.

Les simples *barrières* ou barres d'appui (fig. 132 et 232) sont scellées seulement par deux pointes dans les murs.

Les balcons peuvent être scellés dans l'embrasure des fenêtres (fig. 233 et 133) par quatre, six ou huit scellements, ou bien faire saillie sur le mur et reposer par des pilastres d'angle sur une tablette saillante en pierre de taille ou sur des consoles, comme le montre la figure 234 (balcon en fer forgé des usines Pantz, à Jarville-Nancy).

La figure 237 montre une rampe d'escalier du modèle le plus simple, elle est formée de pilastres verticaux espacés de 1 mètre environ, dans lesquels sont enfilées des tringles en fer rond ; une main-courante est au-dessus vissée sur le haut des pilastres qui sont en fer carré.

La figure 242 montre une rampe d'escalier formée de barreaux verticaux espacés de 0 m. 15 à 0 m. 20, fixés par en bas dans le limon de l'escalier et réunis par le haut par une main-courante vissée ; cette main-courante est en fer plat couvert de bois ou en profilé (fig. 131). On orne les barreaux verticaux de cette sorte de rampe avec les garnitures en fonte représentées figures 154 et 155.

Les figures 234, 236, 239 et 240 montrent des rampes d'escaliers dont les pilastres d'entrée sont en fonte, la rampe est en fer forgé. Ces rampes sont fixées de loin en loin par des barreaux scellés ou boulonnés dans le limon de l'escalier.

La figure 238 montre une rampe en fer forgé pour escalier avec limon en fer.

La figure 241 montre une rampe pour perron à deux accès.

Ces modèles sont empruntés au catalogue des usines Pantz, à Jarville-Nancy. Cet intéressant catalogue contient une quantité de beaux modèles avec les prix au mètre courant de chaque article. Ces prix étant infiniment variables avec le poids du fer et avec l'ornementation des rampes, nous ne pouvons qu'indiquer ici qu'il y a des balcons et des rampes depuis 5 francs le mètre courant jusqu'à 200 francs et plus ; les pilastres de départ ou d'entrée se comptent en plus, ainsi que ceux qui se trouvent aux tournants des paliers, leurs prix varient de 5 à 45 francs (en fonte).

Les *consoles de départ* n'ont pas de limite de prix

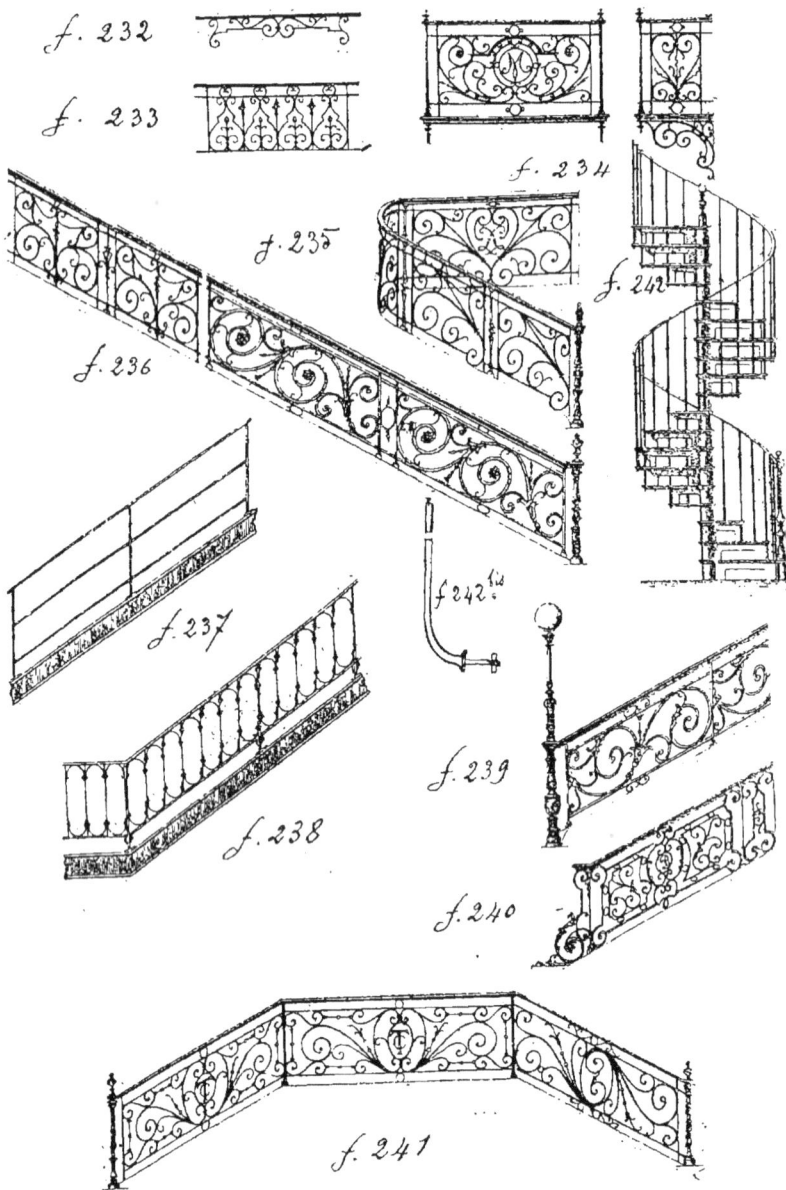

f. 232

f. 233

f. 234

f. 235

f. 236

f. 237

f. 238

f. 239

f. 240

f. 241

f. 242

f. 242 bis

(fig. 240). Cela dépend du luxe de leur construction qui est entièrement en fer forgé.

Les rampes d'escaliers communs se font avec de simples barreaux de fer rond de 15 à 20 millimètres de diamètre, espacés de 0 m. 16, recourbés par en bas à *col de cygne* sur un rayon de 0 m. 06 à 0 m. 10 ; ils sont épaulés, taraudés et boulonnés par un écrou à l'intérieur du limon (fig. 242 *bis*). En haut, ces barreaux sont coupés à la pente de la main-courante qui y est fixée par des vis à tête plate, comme dans la figure 237.

CHAPITRE VIII

MARQUISES, VÉRANDAHS, JARDINS D'HIVEF KIOSQUES, CONSTRUCTIONS RUSTIQUES EN FE

Les travaux extérieurs en serrurerie artistique co courent grandement à l'élégance et au confortable (l'habitation : les *marquises* ou *auvents vitrés* se fo en fers à T ou en fers à vitrages scellés dans les mu et soutenus par des consoles, comme le montrent l figures 242, 243 et 245. La figure 243 ne comporte p de chêneau ni gouttière ; la figure 242 comporte ι chéneau en fonte le long du mur avec un tuyau vo tical noyé dans l'épaisseur du mur ; la figure 245 a ι chéneau tout autour avec égout d'eau direct en ava ou bien un tuyau de descente noyé dans le mur. Il (est de même de la *marquise pour pan coupé* représent figure 244 ; cet auvent, en raison de sa grande porté est soutenu par des tirants en fer scellés à mi-haute des fenêtres de l'étage.

Les *vérandahs* ou jardins d'hiver sont des auven plus importants que les marquises ; on les fait sι colonnes en fonte (fig. 251) ou sur piliers creux av(

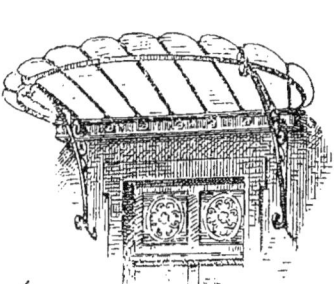

f. 242

243

f. 244

f. 250

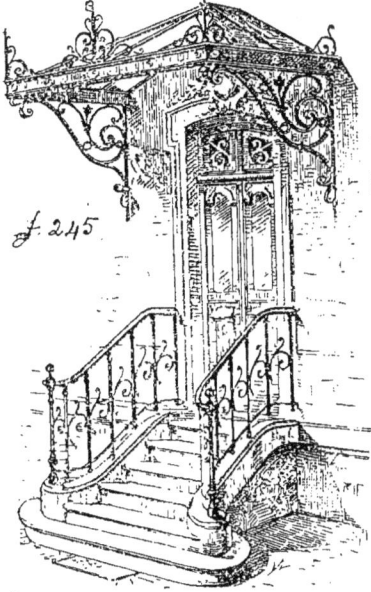

f. 245

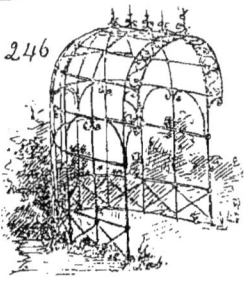

246

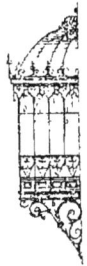

f. 247

f. 248

f. 251

f. 252

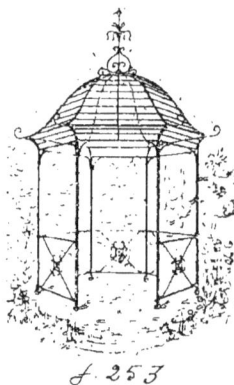

f. 253

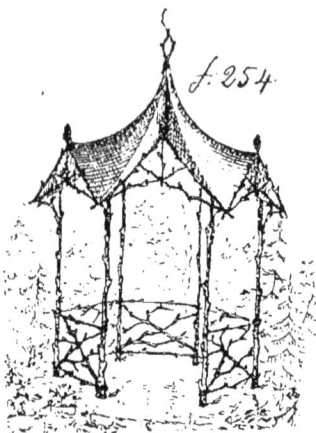

f. 254

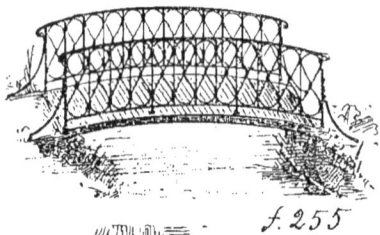

f. 255

f. 256

vitrages, fenêtres et portes (fig. 252). Ici les tuyaux de descente des eaux sont placés dans l'intérieur des colonnes ou piliers. Quelquefois, on surmonte la vérandah d'une terrasse avec balcon (fig. 252) qui peut occuper tout ou partie de la superficie de la vérandah.

On fait aussi des *vérandahs suspendues* (fig. 247) soutenues par des consoles en fer forgé prises dans les murs en maçonnerie.

Les *kiosques* de jardin se font en fer plein ou élégi (fig. 253 et fig. 248), de même que les *tonnelles* (fig. 246). Il en existe une infinité de modèles coûtant depuis 30 francs jusqu'à 1.000 francs et plus.

Ces kiosques se construisent quelquefois avec des fers creux ou pleins imitant les branches d'arbres (fig. 249 et 250). Ces fers se travaillent comme le fer rond ordinaire et permettent de faire des ouvrages *rustiques* dans le genre de celui représenté fig. 254. Les toitures des kiosques se font en chaume ou en zinc estampé (voir le volume concernant la Couverture des Bâtiments).

Les *passerelles* sont des ponts légers en fers I avec garde-fous en fer forgé (fig. 255). La fig. 256 représente une passerelle dont les balustrades sont en fers rustiques.

Voici quelques prix emprunté aux usines Pantz :

Prix de détail des jardins d'hiver

Surfaces développées	m. car.	11 à 12	
Corniches en fer à moulures	m. cour.	20 à 23	
Colonne, hauteur 3 mètres	la pièce	70	
Arceaux en fer forgé	m. car.	50 à 80	
Motifs d'ornements de vitrages	la pièce	7	
Crête sur corniche	m. car. .	12	
Crête sur faîtage	»	20	
Motifs d'ornement de vitrages	la pièce	3	50

Marquises d'entrée

la pièce

Toiture vitrée, 2 consoles forgées, bandeau formant
corniche, chenal en zinc...................... 200 fr.

Même construction que la précédente............ 330 fr.

Avec chenal en fer formé par la corniche.......... 360 fr.

Toiture vitrée à 3 pentes, 2 consoles forgées, bandeau
formant corniche, lambrequins vitrés, chenal en
zinc.................................... 500 fr.

Même marquise avec chenal en fer formé par la corniche.................................. 530 fr.

Toiture vitrée, à pentes, 2 consoles forgées, bandeau
formant corniche, ornée de moulures et rosaces,
couronnements et frises en fer forgé, chenal en zinc. 500 fr.

La même marquise avec chenal en fer formé par la
corniche................................ 530 fr.

Toiture vitrée à 3 pentes, à pans coupés, 2 consoles
forgées, corniche en fer formant chenal, ornée de
moulures et rosaces, couronnement en fer forgé,
lambrequins vitrés.................... ...... 625 fr.

Marquise promenoir, largeur 3 m. 50, travée 4 mètres :

mèt. car.

Toiture vitrée, sur colonnes en fonte espacées de
4 mètres, poutres treillis et consoles forgées, corniche en fer formant chenal .... 21 fr.

Toiture sans colonnes........................ 15 fr.

Marquise, largeur 2 mètres, travée 3 mètres :

Toiture vitrée d'une pente, consoles en fer cornière,
chenal en fer, travées de 3 mètres............. 18 fr.

Marquises de perron sur colonnes

Grande marquise de perron sur 2 colonnes et consoles reliées par des arceaux en fer forgé, corniches
en fer forgé formant chenal et ornées de moulures
et rosaces, bandeaux crêtes et frises ornés en fer
forgé sans consoles ni lanternes, largeur 5 mètres,
longueur 4 mètres, la pièce .... 2300 fr.

Rampe de perron en fer forgé méplat 20 × 6, le
mètre courant .... 70 fr.

Grande marquise de perron sur 2 colonnes ornées en
fonte moulée, consoles, arceaux ornés en fer forgé,
corniches formant chenal ornées de moulures,
frontons et crêtes en fer forgé, lambrequins vitrés, largeur 4 m. 50, longueur 4 mètres, la pièce.. 3000 fr.

Rampe de perron en fer forgé méplat 20 × 8, le mètre
courant . . . .   60 fr.
Vitrerie de toiture en glaces coulées rayées suivant
cours, le mètre carré . . . . 15 à   20 fr.
Vitrerie de toiture en verres doubles ordinaires, le
mètre carré. . . . . 7 à   10 fr.
Vitrerie de lambrequins en verres émaillés suivant
modèles, le mètre courant . . . . 12 à   20 fr.

VÉRANDAHS EN FER FORGÉ	DIMENSIONS		UNITÉ de mesure	PRIX
	larg. mètres	long. mètres		
Vérandah ouverte, toiture vitrée ou en zinc, colonnes en fer et fonte moulée, arceaux en fers spéciaux, corniche en fer forgé	2 00	6 00	la pièce	500 »
Balustrade en fer forgé spécial et méplat 22 × 3			m. cour.	9 »
Vérandah ouverte, plus ornée, balustrade comprise	2 00	6 00	la pièce	735 »
Vérandah fermée, toiture vitrée ou en zinc, colonnes, arceaux, corniches frises, frontons et panneaux en fer forgé, une porte à deux vantaux, avec serrure	2 00	6 00	—	1250 »
Grande vérandah ouverte adossée, toiture en zinc ou tôle ondulée ou zinc sur voligeage en bois, colonnes en fonte ornée, corniches, frises, crêtes, frontons, arceaux, en fer forgé	Hauteur sous corniche 4 00	3 50	10 00 la pièce	2750 »
— —	4 00	4 50	10 00 la pièce	1350 »
sans balustrade . . .	4 50	3 50	10 00 la pièce	3750 »
Balustrade en fer forgé, méplat 20 × 8. .			m. cour.	22 »
Grande vérandah ouverte adossée, construction.	4 50	3 50	10 00 la pièce	4700 »

KIOSQUES	FORME	PRIX SUIVANT DIAMÈTRE		
		2m	2m50	3m
Kiosque de jardin	carré	140 »	182 »	225 »
— —	6 pans	140 »	182 »	225 »
— — toiture zinc	—	450 »	600 »	750 »
Parasol pour plantes grim- pantes	rond	55 »	75 »	95 »
Kiosque de jardin, toiture zinc..................	6 pans	700 »	925 »	1150 »

Vérandahs fermées adossées

Toiture et façade vitrées, avec soubassement en tôle ornée de cadres à moulures, corniches, frises, frontons en fer forgé renfermant 1 porte à deux vantaux et 2 fenêtres.

Prix du mètre carré de façades.................	23	»
— — —	23	»
— — —	46	»
— — —	46	»
— — —	30	»

Prix de la vérandah :

Longueur, 6 m. largeur, 2 m. 30 hauteur 0 m.....	1.210	»
— — —	1.280	»
— — —	2.440	»
— — —		»
— — —	1.610	»
— — —		»
Couverture de vérandah en tôle ondulée m. car. galvanisée........................	11	50
Couverture de vérandah en zinc ondulé . —	12	»
— — en zinc plat, posé à coulisseaux sur voligeage, en bois sapin, chevrons et bois compris .... —	15	»
Plafonds de vérandah en bois sapin posé à rainures et languettes avec mouchettes, compris chevrons .... —	7	50
Vitrerie de vérandah de toitures en glaces coulées rayées, suivant cours......... —	15 à 20	»

Vitrerie de vérandah de toitures en verres doubles ordinaires	m.car.	7 à 10 »
Vitrerie de vérandah de façades verres de- mi-doubles ordinaires suivant modèle..	—	10 à 20 »

Passerelles

Charpente avec tablier, le mètre carré	20 »
Garde-corps, le mètre courant, de.	18 à 85 »

CHAPITRE IX

PERSIENNES ET FERMETURES EN FER
DEVANTURES DE BOUTIQUES

Persiennes métalliques. — Les persiennes métal
liques à petits vantaux se repliant les uns sur les au
tres dans les tableaux des fenêtres ont à peu près com
plètement remplacé, dans les constructions modernes
les persiennes et volets en bois qui étaient lourds à
manœuvrer, salissaient les murs extérieurs et te
naient une énorme place quand on les faisait repliant
dans les tableaux. Les persiennes métalliques se fon
en fer et bois ou tout en fer et à 2, 4 ,6 ou 8 feuilles
suivant la largeur des baies.

Les persiennes brisées en fer, découpées et repous
sées dans la tôle, se replient dans les tableaux de
fenêtres, où elles ne prennent que très peu de place
et sont brisées en 4, 6, 8 feuilles ou plus, suivant les
besoins. Elles se ferrent contre la croisée sur une
tapée clouée sur le dormant ou sur châssis en cornière
scellé au bord extérieur des tableaux.

La ferrure sur les bâtis dormants des croisées est
pratique, économique et la plus avantageuse à tous
les points de vue.

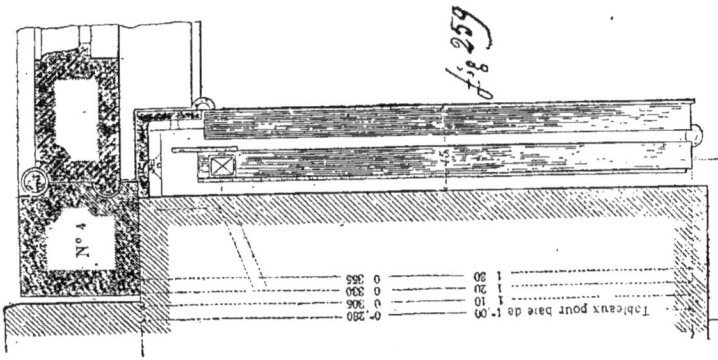

Fig. 259

N° 4

Tableaux pour baie de 1m.00

0 355	1 30
0 330	1 20
0 306	1 10
0m.290	0m.00

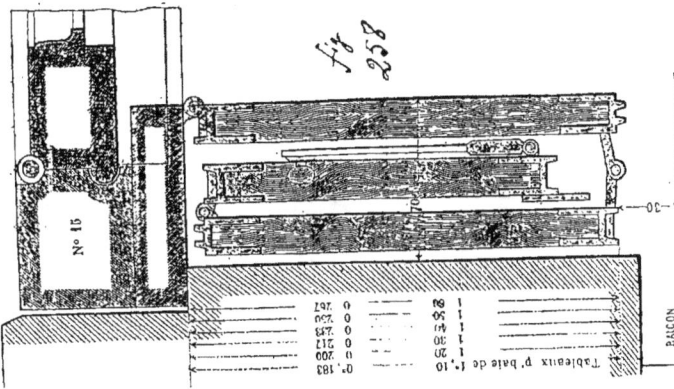

Fig. 258

N° 15

Tableaux p' baie de 1m.10

0 261	1 60
0 250	1 50
0 237	1 40
0 217	1 30
0 200	1 20
0m.183	1 10

BALCON

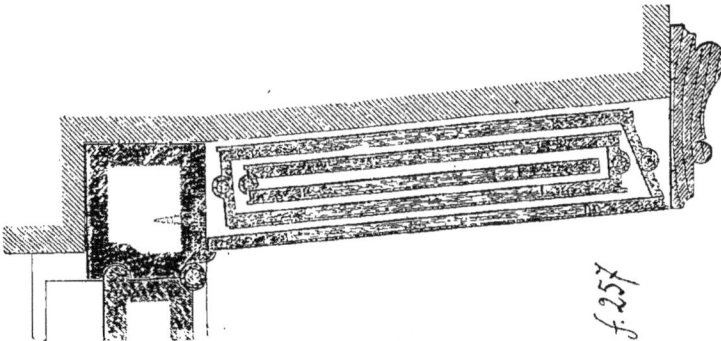

Fig. 257

DIFFÉRENTS PROFILS DE FERS A PERSIENNES

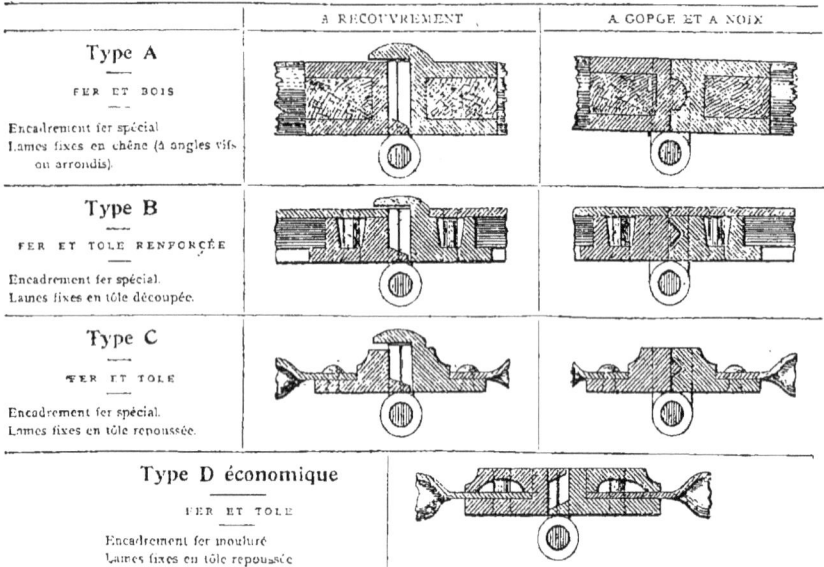

	A RECOUVREMENT	A GORGE ET A NOIX
Type A FER ET BOIS Encadrement fer spécial. Lames fixes en chêne (à angles vifs ou arrondis).		
Type B FER ET TOLE RENFORCÉE Encadrement fer spécial. Lames fixes en tôle découpée.		
Type C FER ET TOLE Encadrement fer spécial. Lames fixes en tôle repoussée.		

Type D économique

FER ET TOLE

Encadrement fer mouluré
Lames fixes en tôle repoussée

Fig. 260.

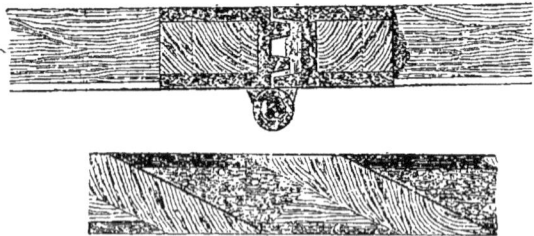

Fig. 261.

Ces persiennes sont très commodes à ouvrir et à fermer, coûtent moins cher que celles en bois, ne masquent pas les façades, sont très solides et d'une longue durée. Elles protègent les habitations contre le soleil, la pluie et la neige et sont une garantie sérieuse contre les effractions.

Les figures 257, 258 et 259 montrent des persiennes en fer de M. Jomain, constructeur à Paris, ferrées, la première sur le dormant de la fenêtre, la deuxième sur un cadre en bois et la troisième sur une tapée ou châssis en fer cornière. Les recouvrements se font soit à feuillure, soit à noix et gueule de loup avec des fers profilés spéciaux ; les tôles d'une seule pièce, défoncées à la machine, sont rivées le long des cadres qui forment les feuilles des persiennes.

La figure 260 montre les détails de construction et de charnières des feuilles, d'après M. Daburon, fabricant à Paris. La figure 267 montre les recouvrements des persiennes à l'endroit de la crémone. Les persiennes en fer peuvent fermer des baies de 4 m. 50 de hauteur et de 3 mètres de largeur ; elles se ferment par verrous, barres et crémones, ces dernières donnant lieu à une plus-value.

On peut y réserver un certain nombre de lames mobiles ou même les construire entièrement à lames mobiles, de façon à remplacer les jalousies (fig. 266).

Les persiennes fer et bois se font avec cadres en fer et lames en bois de pitchpin ; la figure 261 montre le détail de fabrication des persiennes fer et bois de M. Jomain, à Paris.

Quand on se propose d'employer des persiennes en fer dans un immeuble, il y a intérêt à prévoir le plus de profondeur possible aux tableaux pour avoir moins de vantaux aux persiennes. Si la largeur des tableaux est limitée, on emploie de préférence le ferrage sur tapée fixée sur le dormant, ce qui permet de tenir le tableau de 0 m. 03 plus étroit que si l'on voulait ferrer les persiennes sur cadre placé au bord extérieur du plateau.

Les persiennes tout en fer de 0 m. 70 à 0 m. 75 de largeur, à 4 vantaux, à lames fixes ou mobiles, valent depuis 23 francs et 28 francs le mètre superficiel, sans la pose ; avec 8 vantaux, le prix monte à 48 francs au

moins. La pose revient de 5 à 7 francs la paire de
des persiennes.

Nous donnons ci-après les prix des accessoires
persiennes en fer ou fer et bois.

(D'après M. Jomain.)

Prix des châssis en cornière ou fer plat
lesquels ne font pas partie de la surface des persiennes.

Montants en cornière de 0 m. 025......		le mètre courant	2	60
—	—	0 m. 030.......	—	2	85
—	—	0 m. 020 et 45 .	—	3	»
—	—	0 m. 050 à 60..	—	3	60
—	—	0 m. 070 et 75 .	—	4	25
—	—	0 m. 090......	—	5	»

Les châssis comprennent les deux montants et la
traverse en cornière du haut recevant la battue de la
persienne ; cette traverse, quelle que soit sa largeur,
est au même prix que ses montants. Pour les persiennes sur cornières posées contre les croisées, figures
7 et 8, page 4, les cornières de battue sont remplacées
par des tasseaux en bois dont le prix est de 1 franc
jusqu'à 1 m. 40 de largeur de baie.

Dans le prix du mètre courant des châssis en cornière ou fer plat, sont compris le montage des charnières des persiennes sur fer avec encastrement des
nœuds, les pattes à scellement fixées avec vis à métaux et l'assemblage de la traverse avec ses montants.

Pose des persiennes à Paris

Compris battements et gâches ordinaires, mais non
compris les trous et scellements :

En 4 feuilles sur dormants, la paire			4	»
6	—	—	—	4	50
8	—	—	—	5	»
4	—	sur cornières,	—	5	75
6	—	—	—	6	75
8	—	—	—	7	25

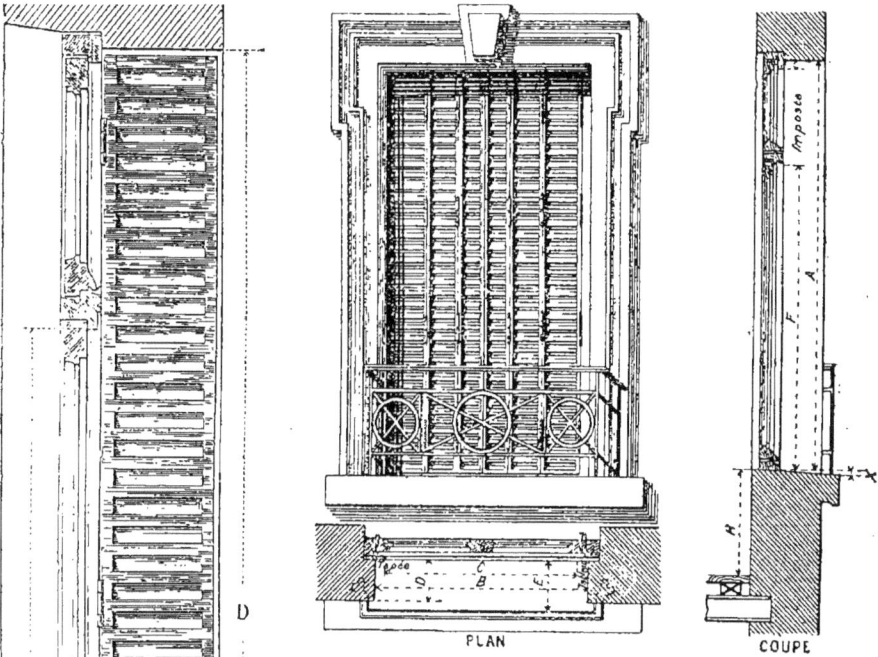

PLAN   COUPE

Fig. 262.

Fig. 264.

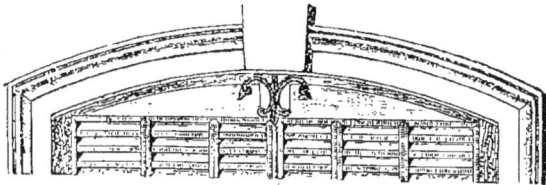

Fig. 265.

Fig. 263.

Au-dessus de 3 m. 50 de surface, la pose est comptée à raison de 2 francs le mètre en plus.

Les trous et scellements dans la pierre tendre pour la pose des persiennes sont comptés à raison de 1 fr. 30 l'un.

Pose des persiennes hors Paris.

2 francs par paire en plus, avec remboursement des frais de voyage, plus 0 fr. 05 par kilomètre pour temps passé par l'ouvrier dans le trajet.

Les persiennes dont on ne fait pas la pose sont livrées avec les battements et les gâches ordinaires, mais il n'est fourni ni vis à bois, ni gâches, ou battements spéciaux.

Les frais de voyage pour la prise des mesures ou la direction des travaux, lorsqu'il y a lieu, sont à la charge de l'acheteur.

Barres de sûreté pliantes (dites fléaux)

Très commodes pour persiennes posées sur les dormants des croisées........................... 11 50
Les fléaux subissent une plus-value lorsque les persiennes ont plus de 1 m. 40 de large.

Barres de sûreté portatives avec les agrafes

Jusqu'à une longueur de 1 m. 40............ la pièce 8 75
Les barres de sûreté avec un support pliant subissent une plus-value de 1 fr. 50 pièce.

Lames mobiles

Etablies dans la persienne modèle A, 6 lames au moins. la pièce
				1 »
—	—	— C	—	1 25
—	—	— B	—	1 75

Châssis de 0 m. 40 de hauteur (8 lames) s'ouvrant à l'italienne, établi dans les persiennes A ou C, le châssis, 8 fr. 25 ; dans le modèle B 14   »

Pavillons en tôle découpée à jour (fig. 264 et 265)

Pour fenêtres cintrées de 0 m. 90 à 1 m. 30 de largeur (au-dessous de 0 m. 10 de cintre)................. 10 50

Pour fenêtres cintrées de 1 m. 30 à 1 m. 60 de large la pièce
  (de 0 m. 10 à 0 m. 15 de cintre) 13 50
Motif ordinaire de 0 m. 03 à 0 m. 06 de cintre........ 1 25
De 0 m. 07 à 0 m. 13.......... .... 2 »
De 0 m. 14 à 0 m. 20........................... 2 75

Persienne à coulisse modèle A) pour fermer les impostes cintrées

Plus-value pour persiennes en 4 feuilles .... 70 »
  —   —   6   —   .... 115 »
  —   —   8   —   .... 155 »

Mécanisme faisant fonctionner les persiennes de l'intérieur,
      sans ouvrir les croisées (fig. 266).
  —   pour persiennes brisées en 4 feuilles ...... 93 »
  —   pour persiennes brisées en 6 et 8 feuilles... 105 »
  —   pour persiennes en 2 feuilles se dévelop-
        pant en façade..................... 80 »
Les mécanismes non posés subissent une réduction de 30 fr.

Crémone à la persienne, modèle *A*, au lieu de l'espagnolette, plus-value .... 4 »
Crémone à la persienne modèle *F*, au lieu de l'espagnolette, plus-value 5 25
Crémone à la persienne, modèle *C*, au lieu de l'espagnolette, plus-value...................... 12 »
Crémone supplémentaire pour fermer séparément
  chaque vantail .... 11 »
Serrure condamnant la crémone pour les persiennes
  se fermant du dehors 13 50
Espagnolette supplémentaire pour fermer séparément
  chaque vantail......................... 7 »
Crochets de rappel de sûreté pour supplément de fer-
  meture des persiennes des rez-de-chaussée. la pièce 1 50
Battements en V en cuivre avec goujon sur la porte-
  persienne .... la pièce 1 50
Paumelles spéciales et gonds pour persiennes brisées,
  en façade.................... la pièce 1 50
Paumelles à scellement ....   —   0 50
Panneaux pleins en tôle, avec moulures en bois dans
  les persiennes modèle B. Le mètre superficiel de
  panneaux............................. 7 50
Vis de sûreté aux poignées d'espagnolette et aux
  barres de sûreté........................ 2 »
Arrêt tourniquet pour persienne se développant en
  façade .... la pièce 0 60
Arrêt à paillette pour persienne se développant en
  façade ....la pièce 2 60

La figure 262 montre une persienne en fer à 6 feuilles posée et la figure 263 une persienne repliée le long du tableau.

Les figures 264 et 265 montrent des *pavillons* que l'on place au-dessus des persiennes quand les baies sont cintrées.

La figure 268 indique un appareil avec vis et manivelle permettant de manœuvrer les persiennes de l'intérieur de l'appartement, ce qui est quelquefois nééessaire si la fenêtre ne doit pas s'ouvrir. Dans le cas de notre gravure, la persienne se trouve devant une glace fixe au-dessus d'une cheminée.

Fermetures de boutiques et devantures. — Ces fermetures métalliques se font : 1° *en grilles articulées extensibles à losanges* se repliant dans des caissons placés de chaque côté de la devanture ; elles sont d'une manœuvre facile, se développent en les tirant et se resserrent en les poussant pour ne former qu'un faisceau qui se loge dans une cavité ménagée à cet effet ou que l'on replie sur le côté en le faisant pivoter.

Les grilles articulées se construisent en fer rainé de 11 millimètres jusqu'à 2 mètres de hauteur, en fers rainés de 14 millimètres de 2 à 4 mètres de hauteur et en 1ers rainés de 16 millimètres de 4 à 6 mètres de hauteur.

Prix des grilles en fers de 11, 14 ou 16 mm. suivant hauteur, le mètre superficiel, sans pose............   25   »
Rail du haut monté sur fer plat ou cornière, le mètre courant   2   »
Rails à nœuds de compas se relevant et maintenus par un crochet... l'un   6 50
Rails portatifs en fer plat ou fer à T à emboîtement des 2 bouts.. l'un   5   »
Rails portatifs en fer à T se posant dans des agrafes rivées sur les barreaux de la grille. le mètre courant   8   »
Rails du bas en fer méplat montés dans un fer à U de

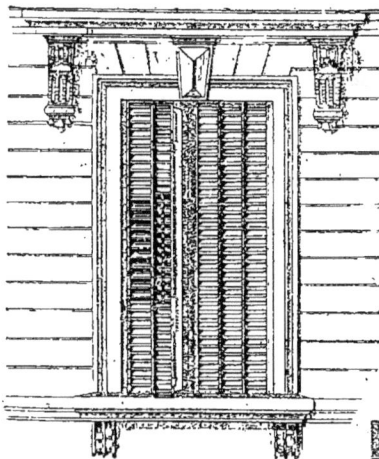

Fig. 266.

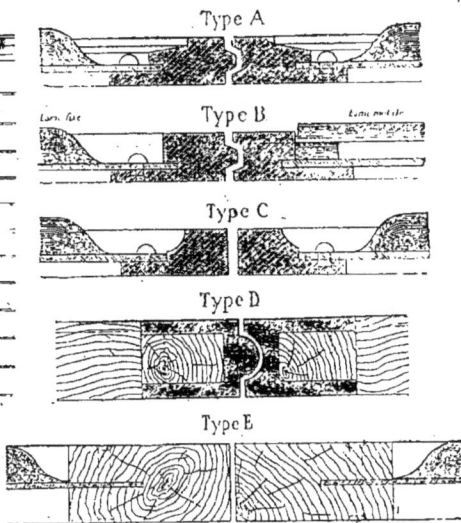

Type A

Type B

Type C

Type D

Type E

Fig. 267.

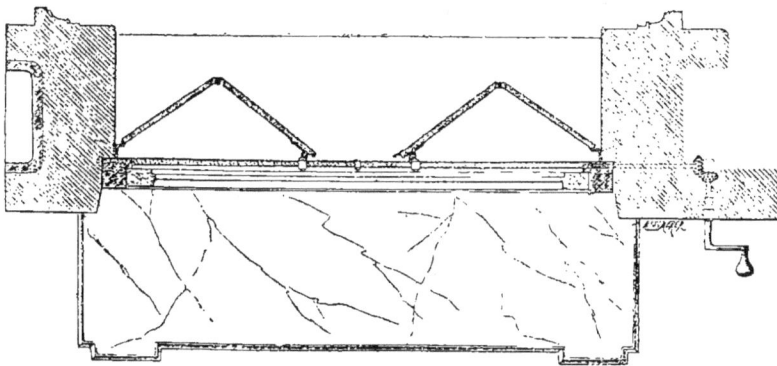

Fig. 268.

70 × 40 pour être entaillés à l'affleurement du sol,
le mètre courant............................... 8 »
Charnières en fer pour grilles pivotantes .... l'une 1 60
Serrures à gorges à pêne à crochet pour grilles en fer
de 11 mm. .... l'une 12 50
Serrures à gorges à pêne à crochet pour grilles en fer
de 14 et 16 mm. .... l'une 11 25
Lances pour grilles de toutes forces .... l'une 1 60
   Ces prix comprennent les grilles imprimées au minium.
   La pose se traite à forfait suivant les dispositions.
   Les grilles ayant moins de 1 m. 20 de hauteur donnent lieu
à une plus-value.

Figure 269. (D'après M. Jomain.)

Ces grilles peuvent servir pour tous usages : devantures, vitrines et entrées de magasins, salles d'expositions ou de musées, cabines d'ascenseurs et dans un très grand nombre d'autres cas.

2° *En fer à volets plats*, au moyen de feuilles de tôle qui se replient les unes sur les autres dans l'entablement qui surmonte la devanture. Les lames se replient absolument comme un rideau de cheminée, la lame inférieure venant soulever celle qui est au-dessus d'elle par le rebord qui la garnit d'un bout à l'autre horizontalement et qui sert en même temps à donner une grande raideur à la feuille de tôle. Les lames sont guidées de chaque côté de la devanture par des bandes de fer plat. Dans le système Maillard (Daburon successeur), la lame inférieure porte de chaque côté un écrou qui est commandé par deux longues vis placées de chaque côté de la fermeture. Ces deux vis sont solidaires l'une de l'autre par un arbre et quatre pignons d'angle placés dans l'entablement, de sorte qu'en agissant avec une manivelle sur l'une des deux vis, on relève ou on abaisse les lames de fermeture (fig. 270). Une fermeture à vis établie dans de bonnes conditions peut et, il en est de nombreux exemples,

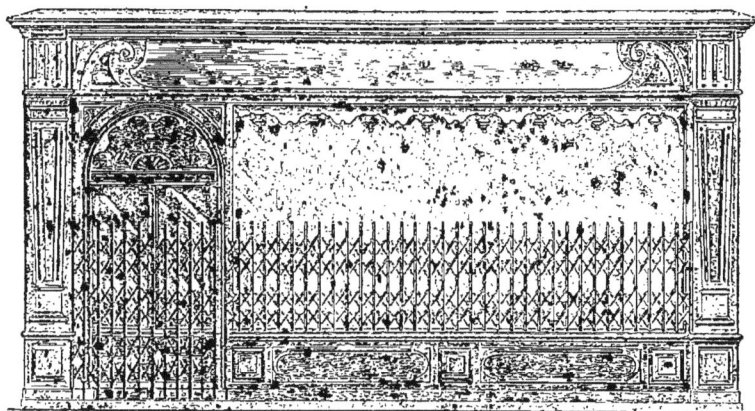

Fig. 269

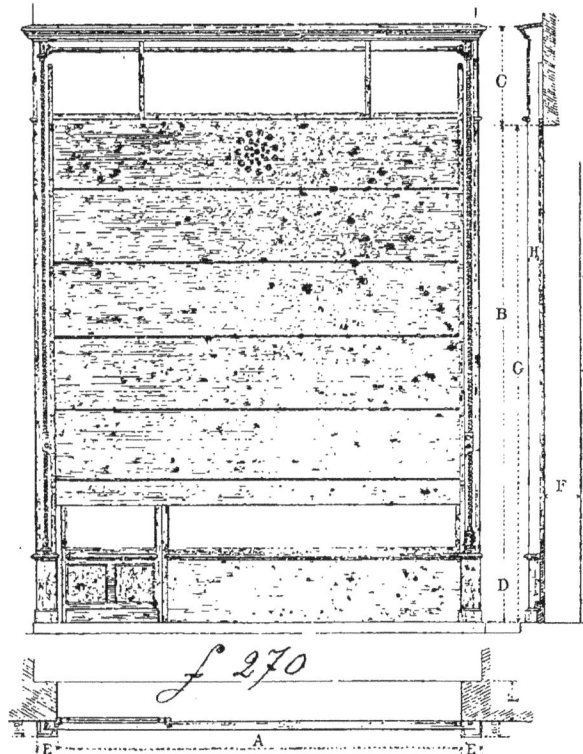

Fig. 270

fonctionner pendant trente ou trente-cinq ans sa
aucune réparation. Ce système présente encore ce tr
grand avantage d'exiger pour le logement du méc
nisme, le minimum de place, ce qui permet de rédui

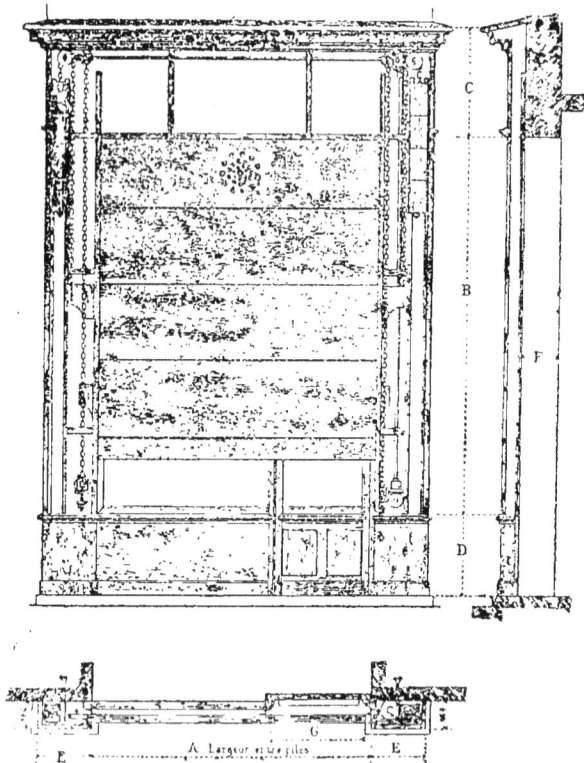

Fig. 271.

les caissons, de les supprimer dans certains cas
d'augmenter d'autant la surface d'étalage.

Le même constructeur fabrique une fermeture
lames dans laquelle le mouvement est donné par de
chaînes, le poids de la fermeture étant équilibré pa
deux contrepoids placés de chaque côté dans les cais
sons de la devanture.

La figure 271 montre cette fermeture dans laquel

les courses des chaînes sont rendues solidaires par un arbre horizontal placé dans l'entablement.

MM. Chédeville et Dufresne, M. Jomain, fabriquent des fermetures du même genre dans lesquelles le mouvement est aussi donné par des chaînes.

L'un des systèmes de fermeture Jomain est aussi à rideaux en tôle pleine et à lames verticales. Dans cette fermeture, le mouvement est directement imprimé à l'arbre de couche par un arbre vertical, mû au moyen d'une manivelle ; le mouvement est transmis en bas par une vis sans fin et une roue dentée, puis en haut, de l'arbre vertical à l'arbre horizontal, par un pignon d'angle. Ce système est à chaîne attelée sur la feuille inférieure. Cette fermeture, de 5 à 6 mètres de longueur, se remonte en une minute et 50 tours de manivelle.

Dans le système Chédeville, la fermeture est à lames d'inégales largeurs et reliées entre elles par des croisillons articulés également inégaux, c'est-à-dire proportionnellement aux différentes largeurs de lames ; cette disposition a pour but de faire durer le temps de la course de chaque feuille aussi longtemps que la course totale de la lame inférieure. En effet, aussitôt que la première lame est soulevée par la chaîne, les autres sont relevées proportionnellement par le parallélogramme multiple formé par le croisillon, et ainsi le contrepoids a toujours la même charge à équilibrer puisque la première feuille actionne la seconde, qui actionne la troisième et ainsi de suite ; le poids reste donc constant et le mouvement ascensionnel seul va en diminuant de la première à la dernière feuille, puisqu'il faut que la première parcoure, par exemple, 2 m. 50, tandis que la cinquième, dans le même espace de temps, ne parcourra que 0 m. 40 environ.

3° *A rideau ou fermetures roulantes en tôle d'a(*
ondulée. — Les premières fermetures de ce genre s(
celles de Clarck et Cie, et de Grafton. Dans tous
types, c'est un rideau d'acier ondulé qui s'enroule (
des *bobines* en fer (fig. 272) placées sur un arbre h(
zontal caché dans l'entablement de la devantu
Dans ces bobines sont bandés des ressorts qui équ
brent le poids du rideau lorsque celui-ci est bais
Les rideaux en acier ondulé se font surtout pour
portées de moins de 3 mètres de large, car au-delà.
fermeture aurait difficilement une suffisante rigidi

Pour des portées plus grandes, on met une série
rideaux séparés par des guides doubles (fig. 278).

Les feuilles d'acier ont de trois à quatre dixièn
de millimètre d'épaisseur et les ondes opposées s(
à 2 centimètres d'axe en axe, soit 4 centimètres d'a
en axe mesuré sur la même face, suivant que les on(
sont dites *petites* ou *grandes.*

Ces ondes sont contenues entre deux parallè(
écartées de 17 à 18 millimètres et constituent, par ce(
quantité de nervures juxtaposées, la solidité du
deau (fig. 277).

Le rideau est bordé, à l'extrémité inférieure, p
un fer plat qui porte un petit fer ⌐L placé la crête (
l'air et la feuille d'acier se trouve moisée entre le 1
plat et un fer demi-rond, le tout assemblé à rivets.

Sur ce fer plat de bordure, est placé l'*œil*, da
lequel on introduit le crochet fixé à l'extrémité d'u(
hampe pour ouvrir ou fermer le magasin. Un œil int(
médiaire, placé au milieu du rideau, sert à imprim
au départ le mouvement ascensionnel ; quand cet (
a disparu sous le rouleau, on reprend celui du b(
pour achever l'ouverture. ·

Les guides ou coulisses dans lesquels glissent l
extrémités de la fermeture sont formés de fers en

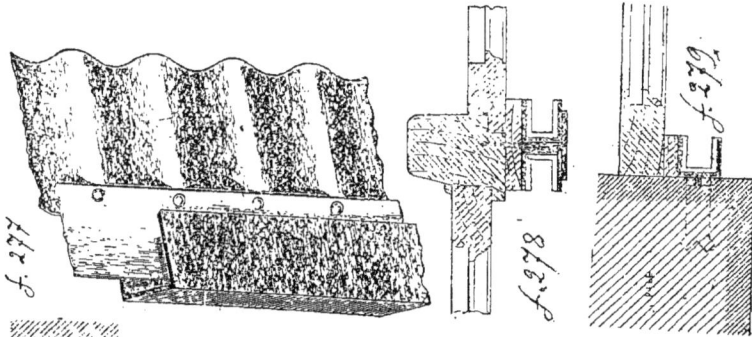

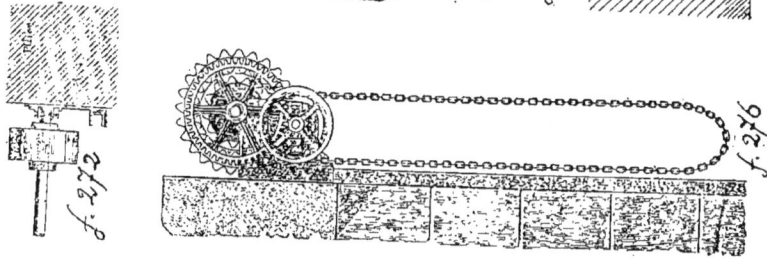

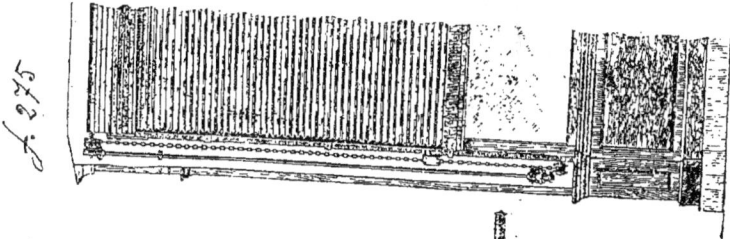

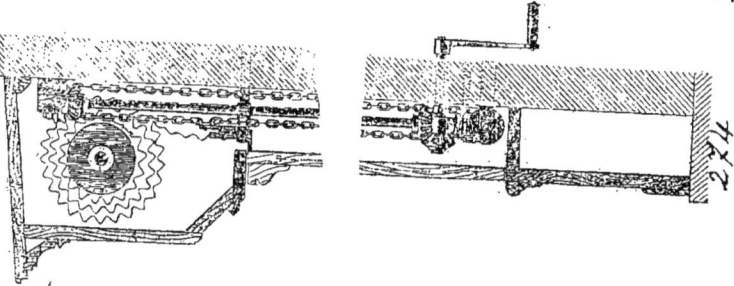

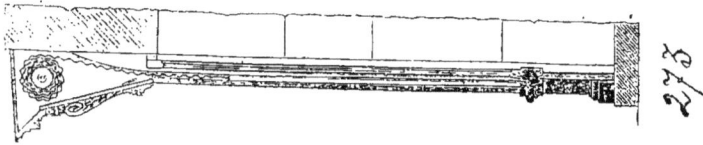

de 30 × 32 et de 2 millimètres et demi d'épaisse
on les fixe sur la menuiserie, sur les piles par tr
tamponnés ou dans des rainures venues de fonte d
des colonnes (fig. 279).

Fig. 280.

La figure 277 représente le bord du rideau avec
feuille de guidage insérée dans le guide en fer U.

La figure 273 représente la fermeture simple
manœuvrant avec un bâton à crochet.

Pour les fermetures de grandes dimensions, la n

nœuvre au bâton serait trop pénible et l'on se sert de mécanismes composés soit de chaînes sans fin actionnées par engrenages et manivelle (fig. 274 et 275), soit d'un treuil différentiel à chaîne sans fin et engrenages (fig. 276), soit encore d'une commande directe par engrenages d'angle, comme le montre la figure 280.

Pour éviter le bruit que fait la manœuvre du rouleau d'acier, certains constructeurs garnissent les guidages de ressorts qui glissent entre des coulisses de bois dur (*charme*).

Pour la pose d'une fermeture à rideau, les bobines doivent être placées parfaitement de niveau, leur axe occupant exactement le centre du rouleau complet. Les ressorts étant préparés, droite et gauche, on les place à volonté, soit pour que l'enroulement se fasse du côté du mur de façade, soit vers l'extérieur.

Il faut tenir l'écartement des platines portant les bobines, de 2 centimètres plus grands que l'écartement du fond des coulisses, pour le jeu nécessaire à l'enroulement du rideau.

Les coulisses en fer U se placent parfaitement d'aplomb en laissant aussi le jeu nécessaire.

Le rideau est alors enlevé tout roulé ; on engage la partie inférieure dans les coulisses, puis on laisse descendre ; on n'a plus alors qu'à attacher l'acier ondulé sur les bobines au moyen de vis et à enlever les goupilles maintenant les ressorts tendus.

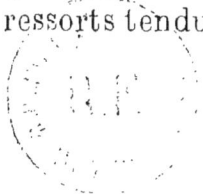

Voici, d'après M. Daburon, constructeur à Paris, le prix des fermetures métalliques pour boutiques :

Fermetures mécaniques à lames

Pour superficie de	Fermetures à vis	Fermetures à chaînes simples	Fermeture à chaînes et contrepoids
5 à 10 m.	215 »	200 »	250 »
10 à 15	235 »	220 »	280 »
15 à 20	250 »	230 »	320 »
20 à 25	280 »	250 »	370 »
25 à 30	320 »	280 »	420 »

Prix des feuilles du rideau :

Prix des feuilles du rideau :
1º Pour fermetures à vis ou à
   chaînes simples.......... le mètre superficiel 14 »
2º Pour fermetures à chaînes
   et contrepoids ....   —   16 »
Pose des fermetures à Paris (non
compris percements des trous
et scellements) ....   —   5 »
Emballage pour la province ...   —   2 »
Portes de nuit établies dans une fermeture neuve :
   Porte de nuit simple .... 70 »
   Porte de nuit double avec serrure et verrous .... 150 »
Portes de nuit établies dans une ancienne fermeture, dépose
et repose comprises :
   Porte de nuit simple .... 90 »
   Porte de nuit double avec serrure et verrous.... 180 »
Impression au minium sur les 2 faces, le mètre superf. 1 50
Percement des trous et scellements .... l'un 1 50
Montants ou petits bois à coulisse, le mètre linéaire 6 50
Plus-value pour disposition spéciale :
   Retours d'engrenages pour changement de direc-
   tion de la manivelle...................... 25 »
   Commande à fourreau pour ouvrir de l'extérieur. 50 »
   Mécanisme spécial pour relever la commande
   quand la fermeture descend jusqu'au seuil. 60 »

Renforcement des bordures quand on ne peut placer de coulisses intermédiaires, le m. linéaire. .   2   »

Trappes de graissage en tôle sur tableau d'enseigne
l'une   5   »

Fermetures roulantes

Rideau en tôle d'acier ondulée, se manœuvrant avec
un bâton à crochet, compris coulisses, arbres de
couche, cylindres à ressorts et accessoires.

Le mètre superficiel du rouleau compris enroulement :

     Ondulation ordinaire ..... le mètre superficiel   25   »

     Petite ondulation ....   —   30   »

NOTA. — *Les fermetures ondulées de moins de 4 mètres superficiels sont comptées pour telles.*

Impression au minium sur les deux faces, le m. superf.   1   50

Serrures de sûreté à gorge et double verrou........   25   »

Pose des fermetures à Paris ... le mètre superficiel   5   »

Emballage pour la Province ...   —   2   »

Mécanisme à treuil pour fermetures de grandes dimensions ne
pouvant se manœuvrer au bâton.

     A déterminer suivant les dispositions.

CHAPITRE X

DEVANTURES EN FER

L'emploi du fer, au lieu de bois, dans la construction des devantures de magasins, présente de grand:
avantages, surtout pour les commerces de luxe et dan:
les quartiers où la moindre partie de façade, payée à
prix d'or, doit être utilisée.

Il permet de réduire les largeurs des montants et
traverses dans la proportion de 1 /5 et de faire béné-
ficier d'autant la surface vue d'étalage, tout en donnant leur importance intégrale aux objets exposés.

Ces devantures peuvent être établies à des prix
très différents, suivant qu'elles sont composées :

1º En fer du commerce et fers à profils spéciaux ;

2º En fer raboté pour être peint à la peinture ordinaire ;

3º En fer raboté et peint au four ;

4º En fer raboté, poli et bronzé à l'acide.

Ce bronzage, d'effet très artistique, ne faisant pas
épaisseur sur les profils, comme la peinture au pinceau
ou même la peinture au four, conserve aux parties
moulurées toute leur valeur et leur finesse.

Nous donnons, à titre de simple spécimen, la reproduction d'une devanture exécutée à Paris (33, avenue de l'Opéra) par M. Daburon (fig. 281).

Les fers sont rabotés, polis et bronzés à l'acide ;

Fig. 281.

les motifs d'ornementation en bronze ciselé, patiné médaille ; les soubassements en granit « labrador ». Le tableau en granit rouge de Suède avec lettres gravées et dorées ; les grilles en fer forgé, avec motifs décoratifs en bronze.

CHAPITRE XI

JALOUSIES, STORES ET BANNES

Au volume *Menuiserie*, nous avons décrit la construction des jalousies avec lamelles de bois et des stores en lattes de bois et ficelle. On fait les mêmes articles avec lamelles en fer : pour les jalousies, ces lamelles sont en tôle très mince ondulée longitudinalement ; pour les stores on remplace les lattes de bois par du fer demi-rond creux. Les lattes sont reliées entre elles par des chaînettes en fil de fer galvanisé. Ces stores sont plus durables que ceux en bois, mais ils coûtent aussi plus cher.

Les stores roulants ou *jalousies à lames de persiennes* servent à fermer les fenêtres ou baies selon un principe analogue à celui des fermetures à rideau pour boutiques.

Ces stores roulants sont composés de lames de persiennes en fer ou en bois réunies entre elles par des chaînes ou sur des rubans en acier qui viennent s'enrouler sur un tambour placé au-dessus de la fenêtre ou de la baie.

Les figures 282 à 285 montrent la manière de poser

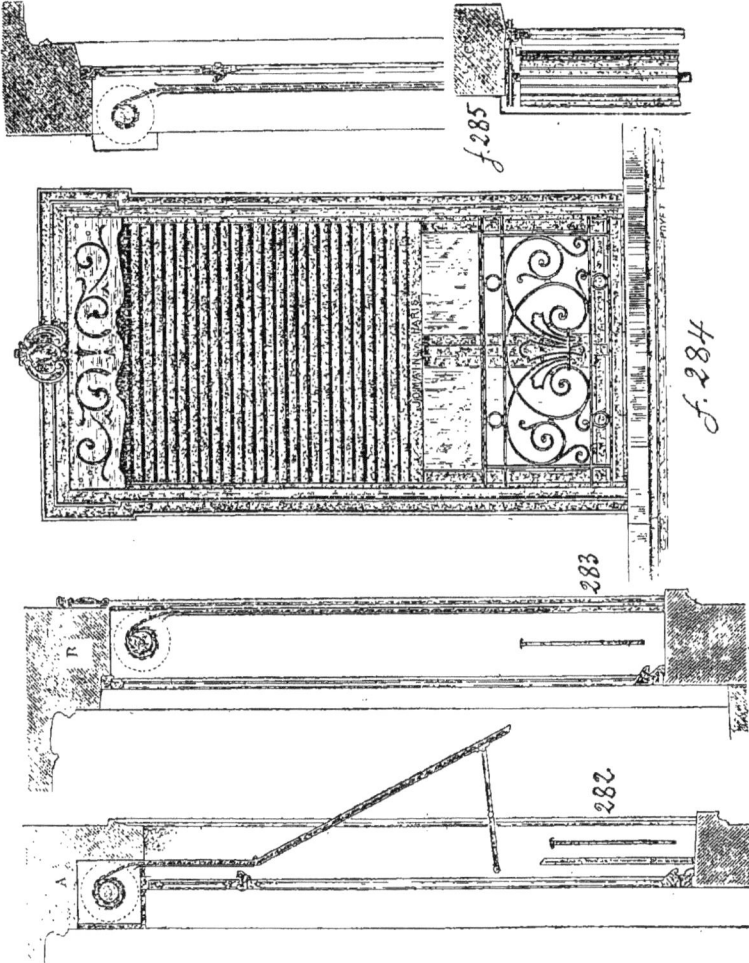

f. 285

f. 284

283

282

ces jalousies (d'après M. Jomain, à Paris). Ce rouleau a 0 m. 20 à 0 m. 30 de diamètre, la manœuvre peut se faire de l'intérieur avec un cordon de tirage. Un dispositif spécial permet de relever le store roulant comme le montre la figure 282, à l'*italienne*. Voici les prix de ces appareils :

Jalousies avec lames en sapin de 12 $^{m/m}$ d'épaisseur, équilibrées par un ressort compensateur, le m. carré	19	»
Jalousies avec lames en sapin de 7 $^{m/m}$ d'épaisseur, avec frein breveté.................... le m. carré	16	50
Commandes à engrenages pour jalousies de grandes dimensions	30	»
Plus-value pour jalousies rejetées au dehors à l'italienne	14	50
Cordon de tirage sans fin avec poulie et tendeur......	8	»
Verrous condamnant les jalousies à rez-de-chaussée la paire	2	75
Pose à Paris pour plusieurs jalousies de dispositions courantes .... le mètre carré	2	»

Les lambrequins sont comptés à part ainsi que la pose des jalousies avec échafaudages.

Peinture 0 fr. 80 net le mètre superficiel par chaque couche.

Stores et bannes. — Les stores de fenêtres se montent sur un rouleau en bois ou en tube de fer, ferré sur 2 pivots avec crapaudines scellées dans les tableaux de la fenêtre ou porte. Ces stores se manœuvrent soit avec une corde s'enroulant sur une poulie fixée sur le rouleau, soit avec un treuil à engrenages. La figure 286 représente un store relevé à l'*italienne* dont la confection comporte :

1 bâton en bois ou un tube en fer.

1 garniture de rondelles en fer ou cuivre.

2 supports.

2 bras d'une longueur égale à la moitié de la hauteur de la baie.

1 tringle transversale.

1 piton pour guider la dite.

1 arrêt pour la corde.

Ces stores peuvent être manœuvrés de l'intérieur au moyen d'une simple poulie fixée à hauteur du rouleau qui renvoie la corde à l'intérieur.

La figure 287 montre un treuil pour stores d'appartement. La figure 288 est un store ordinaire dont la marche est guidée de chaque côté par des tringles en fer verticales.

Les stores-bannes pour boutiques et pour balcons de moyenne importance se font comme le montre la figure 289, *avec bras fixes* se relevant en manœuvrant le treuil.

Pour employer ce système, il faut que la hauteur du sol au rouleau permette de passer sous les bras quand le store est baissé, cela dépend uniquement de la longueur des bras, qui est souvent déterminée par la largeur du trottoir et les règlements de voirie ; le rouleau peut être à tendeur ou sans tendeur, suivant sa longueur. Pour calculer la banne il faut savoir : 1º la hauteur du sol au rouleau ; 2º la longueur des bras, leur nombre, la longueur du rouleau. Pour l'exécution, indiquer si les ferrures se posent sur bois ou sur pierre, de face ou sur le côté de la devanture.

Un système très simple de stores-bannes est celui à *bras mobiles* dans lequel le store s'enroule sur un rouleau en haut de la devanture et descend verticalement ; on pose les bras horizontaux quand le store est déroulé et on attache l'avant du store au sol avec des cordes ; ce système est ancien et incommode, il n'est plus employé que dans les villages.

Quand les stores-bannes doivent être très longs il faut employer le système dit à double rouleau, représenté par la figure 290, qui permet de soutenir les rouleaux par des supports fixés tous les 2 mètres ou 3 mètres dans le mur.

Avec ce système on peut faire des stores de longueur indéterminée sans tendeur.

Pour les longueurs entre 3 et 12 mètres on peut em-

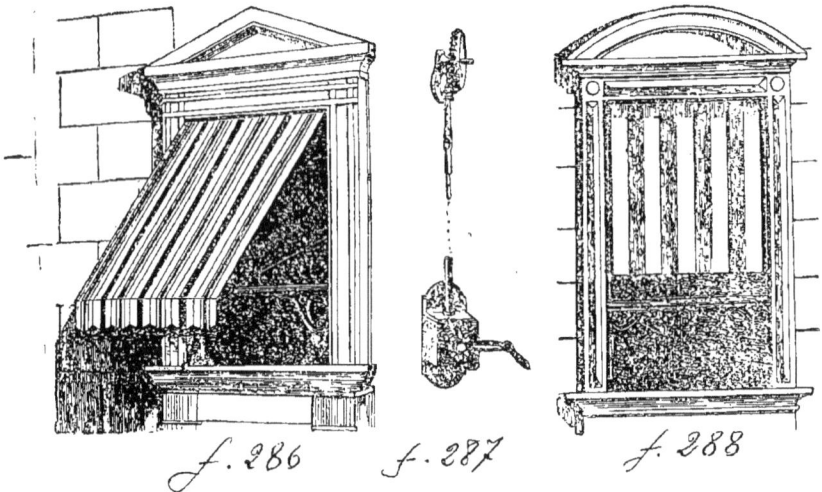

f. 286   f. 287   f. 288

f. 289

ployer un seul rouleau *à tendeur* représenté par la figure 291. Pour utiliser ce système, la condition essentielle est d'avoir à chaque extrémité un support solide ; on prend à cet effet du fer carré de 35 à 50 millimètres, suivant la longueur du store, au besoin on le fait à console (fig. 291).

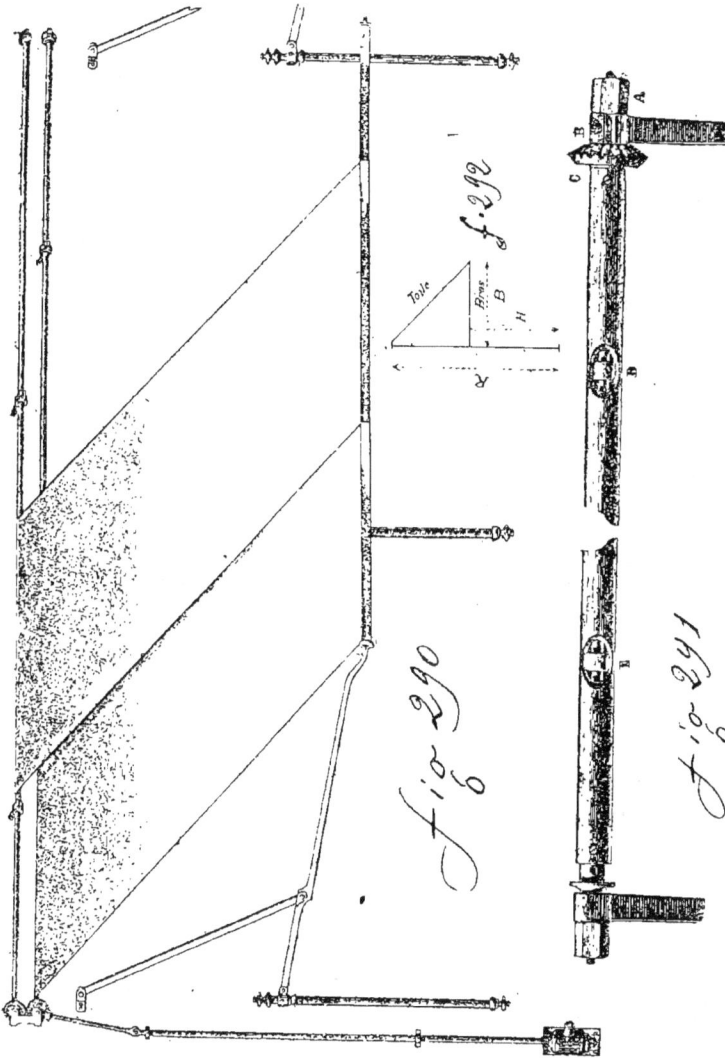

Fig. 290.

Fig. 291.

Fig. 292.

On passe dans le tube, environ tous les 2 mètres
des bagues en régule fraisées de chaque côté, D ; à
chaque extrémité le tube est emmanché d'un côté su
l'engrenage à tourillon percé, C ; de l'autre sur 1
douille de rallonge qu'on ne fixe qu'après serrage
Le tendeur passe donc au milieu du tube et y es
maintenu par l'engrenage et les bagues en régule ; i
est taraudé à chaque bout de 0 m. 15 et muni de deu:
écrous, A, de 0 m. 04 de hauteur, on passe les deux
bouts dans les supports et on serre aussi fort que pos
·sible ; le tube se redresse et roule très facilement su
ses points d'appui, qui sont l'engrenage, la douille d
rallonge et les bagues en régule.

Il est bon de ne pas dépasser 12 à 13 mètres pou
un store à tendeur, et encore faut-il qu'à cette longueur les bras n'aient pas plus de 2 m. 50 ; mais pou
les longueurs entre 3 mètres et 12 à 13 mètres, on
doit toujours faire des stores à tendeur.

Quand le store doit couvrir une grande largeur, et
que l'on a aussi à tenir compte des règlements de
voirie, il faut recourir aux systèmes des bras dits à
coulisse ou *extensibles*.

Quelques serruriers se figurent à tort qu'on peut
toujours employer des bras fixes ou des bras à coulisses indistinctement.

C'est une erreur : Dans la figure 292 désignons par
B, la longueur des bras ; *H*, la hauteur imposée par
la voirie sous les bras baissés ; *R*, la hauteur du sol
au rouleau.

Quand la longueur du bras *B* augmentée de *H* (hauteur du sol au bras baissé) est égale à *P*, hauteur du sol
au rouleau, on ne peut employer que des bras
fixes.

Quand au contraire la longueur du bras *B* augmentée de *H* (hauteur du sol au bras baissé) est plus

grande que R, hauteur du sol au rouleau, on ne peut employer que des bras à coulisse.

Enfin quand la longueur B du bras, augmentée de H (hauteur du sol au bras baissé) est plus petite que R, hauteur du sol au rouleau on ne peut employer que des bras à *coulisses renversées sans tirette* comme le montre une de nos gravures (fig. 294).

Il est donc indispensable de tenir compte de ces trois dimensions :

Hauteur du sol au rouleau.

Longueur et nombre des bras.

Hauteur de voirie.

Voir également si le store aura ses bras placés dans la pierre ou sur bois et si le treuil sera à droite ou à gauche.

La figure 293 montre le système des *bras à coulisse simple* c *à tirette* T et la figure 294 le système avec *bras à coulisse renversées sans tirettes*.

Cette banne s'emploie lorsque l'on veut avoir des bras à coulisses, plus courts que la longueur comprise entre la hauteur de voirie et le rouleau. Les coulisses sont placées alors à l'inverse de celles de la figure 293, c'est-à-dire que les bras étant relevés comme le montre le dessin ci-après, les bras sont tirés vers le haut et maintenus soulevés par la toile enroulée sur le rouleau, les douilles de coulisses étant à ce moment en haut de la coulisse. Si on fait marcher le treuil, les bras descendront d'abord verticalement le long des coulisses, jusqu'à ce que les douilles arrivent au bas des coulisses, puis ils s'abattront comme le montre le dessin ci-dessous.

Pour trouver la longueur de la coulisse. — Supposons que nous avons à faire un store à une devanture de magasin, dont le rouleau mis en place aurait son

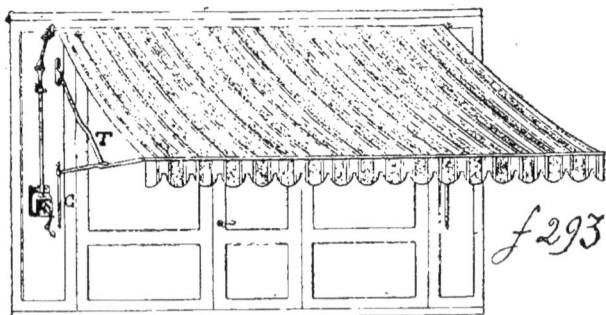

f 293

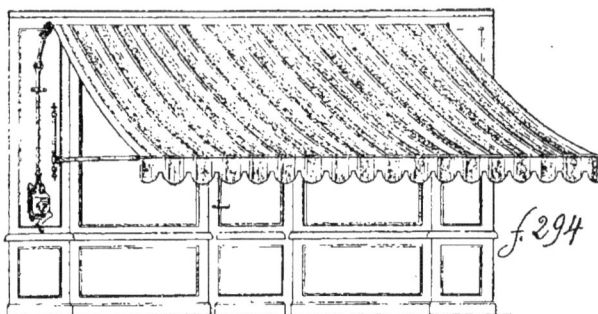

f 294

axe à 3 m. 50 du sol, avec un règlement de voirie de
2 m. 20, puis un client désirant un store ayant des
bras de 2 mètres de long. Puisque nous avons 3 m. 50
du sol à l'axe du rouleau, et que la voirie exige 2 m. 20
au-dessous du bras placé horizontalement, nous ne
pouvons donc faire sans coulisse que des bras de
1 m. 30. Pour établir un bras de 2 mètres, il nous faut
une coulisse ayant comme hauteur la différence,
soit 0 m. 70, plus la hauteur d'une douille, environ
10 centimètres ; notre coulisse aura donc 0 m. 80 longueur totale, sans les embrevements des supports.

Pour mettre la coulisse en place. — Il est entendu
que notre rouleau est en place et que son axe est à

3 m. 50 du sol ; comme nous n'avons pas encore l'axe de la tirette, il nous faut absolument faire un bras

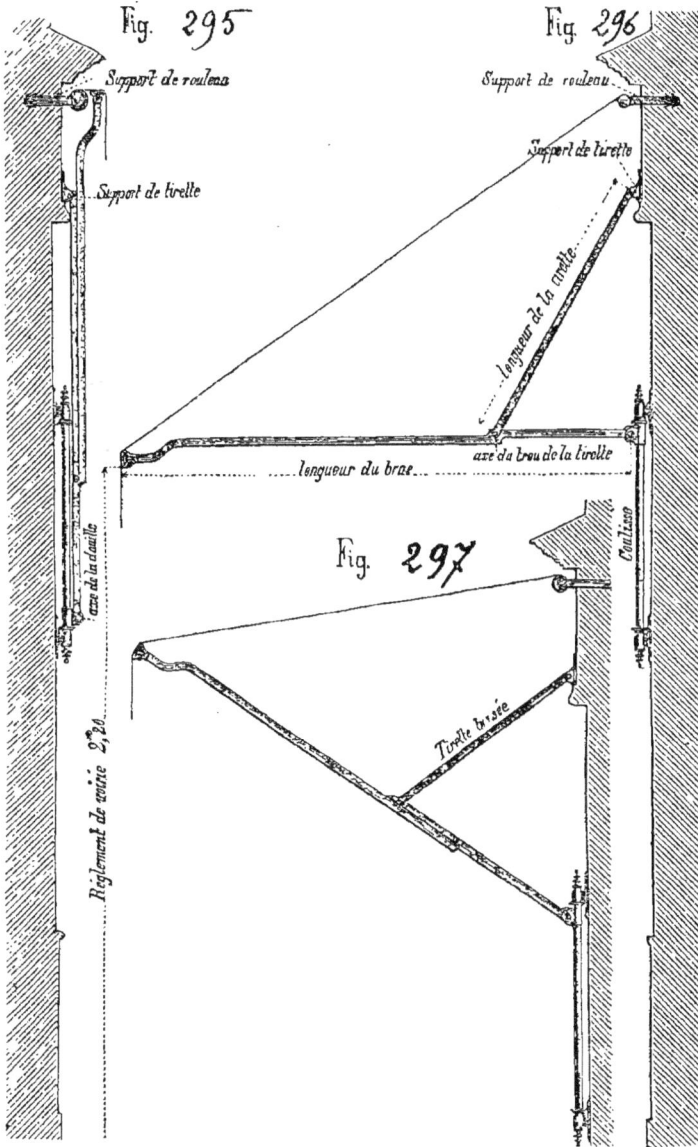

Fig. 295

Support de rouleau

Support de tirette

Fig. 296

Support de rouleau

Support de tirette

longueur de la tirette

longueur du bras

axe du trou de la tirette

axe de la douille

Réglement de toute 2,20.

Fig. 297

Coulisse

Tirette brisée

provisoire en petit fer, au bout duquel nous fixerons la douille de coulisse.

Nous attachons le bout du bras provisoire à l'axe du rouleau (fig. 296), puis à l'autre extrémité la douille de coulisse ; le dessous de cette douille nous donnera l'emplacement de notre support du bas de la coulisse.

Pour trouver l'axe et la longueur de la tirette. — La coulisse étant fixée et munie de son bras provisoire, placé verticalement (fig. 296), prenons une corde et fixons-la par une extrémité à l'axe du support de tirette (ce support est généralement fixé sur le tableau de la boutique, un peu au-dessus de la petite moulure) et l'autre bout à l'axe de la douille de coulisse ; descendons ensuite horizontalement notre bras (fig. 295) ; la corde est alors flottante, tendons-la bien au moyen d'une pointe, le long du bras ; le point où elle s'arrêtera donnera exactement celui d'attache de la tirette. La longueur de celle-ci est indiquée par le point ainsi trouvé et l'axe du support de la tirette.

La figure 297 montre la manière de mettre les stores en marquise et de trouver le point de brisure de la tirette.

Enfin quand il s'agit de couvrir de *très grandes* largeurs dépassant quelquefois 6 mètres, on a recours aux *bras extensibles* en tubes d'acier rentrant les uns dans les autres et manœuvrés automatiquement par un système de parallélogrammes qui agissent par la seule rotation du treuil.

Nos gravures 298 à 301 montrent quelques-uns de ces dispositifs dont la description détaillée nous entraînerait trop loin.

(Voir Catalogues Picard, à Paris ; Guitel, à Paris ; Rigaud et Veyssières, à Béziers).

Les *velums* pour protéger du soleil les grands vitrages ou pour dérouler au-dessous de ces vitrages se roulent sur des rouleaux comme les stores, mais ils sont tirés par un système de cordes ou chaînes passées sur des poulies de renvoi et manœuvrées par le treuil même qui commande les rouleaux.

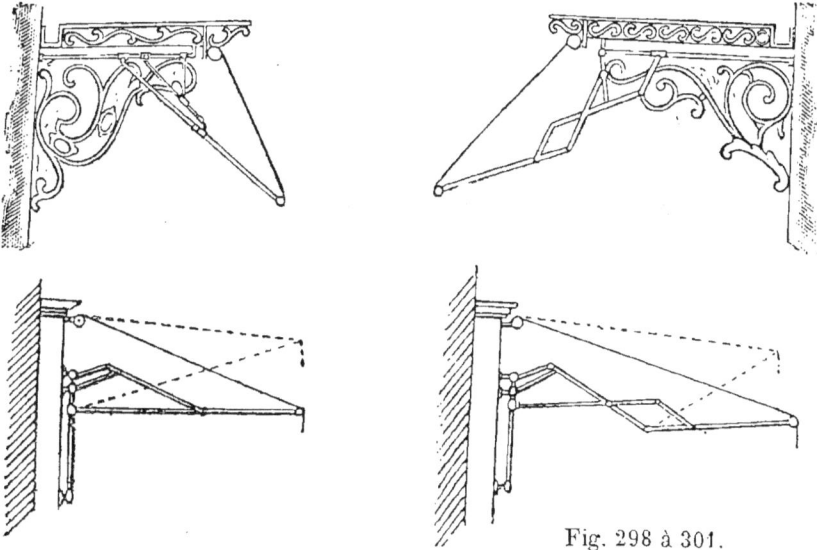

Fig. 298 à 301.

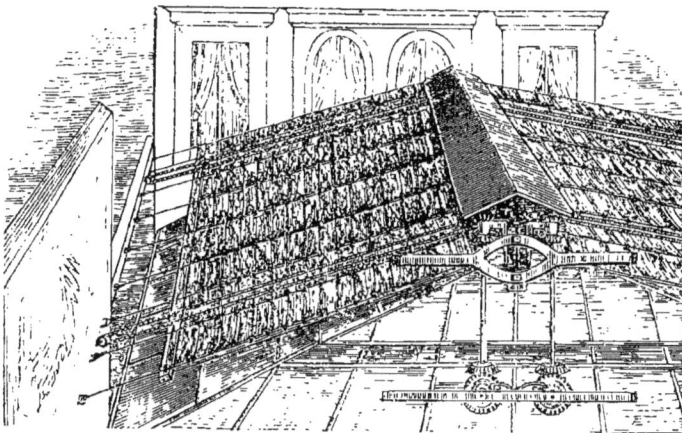

_f. 302_

La figure 302 montre un de ces velums construits par M. Choteau, à Paris.

CHAPITRE XII

SERRES, JARDINS D'HIVER, VOLIÈRES

Les serres, jardins d'hiver, volières, cages de basse cour, etc. sont des constructions légères en serrurerie scellées sur des socles ou soubassements en brique adossées quelquefois le long d'un mur.

En ce qui concerne particulièrement la construction des serres, *l'orientation* a une grande importance une serre doit être exposée en plein midi ou au sud ouest de façon qu'elle reçoive bien la chaleur du soleil.

La serre élémentaire est le *châssis de couche* (figure 302 et 303) qui est un cadre en fer à T vitré et muni de poignées qui permettent de le poser sur les châssis de couche en bois ou en tôle. La figure 302 montre un châssis de couche se relevant avec une crémaillère en fer plat.

Les figures 305 et 306 montrent une *serre à vigne* ou à *espaliers*, adossée contre un mur. Cette serre a des châssis mobiles ou ouvrants. Quelquefois on constitue ces serres à vignes par des panneaux vitrés démontables ce qui permet de les employer successivement à plusieurs endroits.

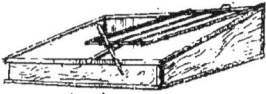

f. 302   303   304

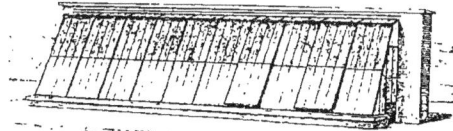

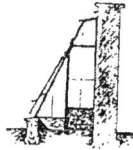

f. 305   f. 306

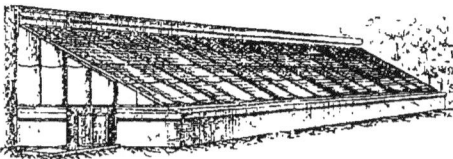

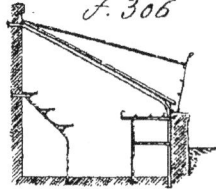

f. 307   f. 308

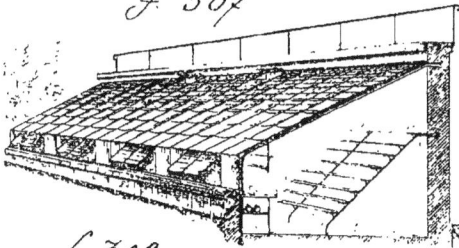

f. 309   f. 310

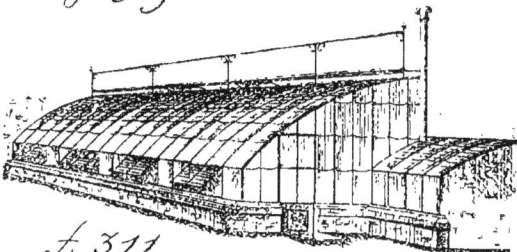

f. 311   f. 312

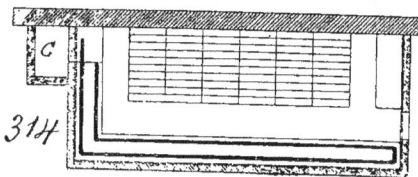

f. 313   314

Les figures 307 et 308 montrent une *serre ad*
du système le plus simple, constituée par une toi
inclinée en fer à T vitrée et munie de châssis
vrants.

Les figures 309, 304, 310, 311 et 312 montren
vers modèles de serres adossées droites ou cint
et à *pied-droit*, c'est-à-dire avec une partie verti
vitrée en avant, où se trouvent des fenêtres ou
chets. Ces serres ont aussi des châssis ouvrants
en haut et elles sont surmontées d'un *chemin* c
garde-fou ; ce chemin est nécessaire pour la pose
claies, stores ou paillassons sur le vitrage de la s
(modèle des usines Pantz, à Jarville).

La figure 311 montre un petit appentis vitré s
près de l'entrée de la serre et dans lequel se trouv
calorifère ; on voit en plan, sur la figure 314, la p
du calorifère en C et la disposition des tuyaux
chauffage qui courent autour de la serre, le long
la maçonnerie sous les étagères.

Les figures 304, 308, 310 et 313 montrent les
positifs des gradins dans les serres adossées. Ces g
dins se font en fer méplat et les planchettes d'étag
se font en fers à T espacés de 5 à 6 centimètres, ce
permet un nettoyage facile et la circulation de l
dans toutes les parties de la terre.

Les *serres hollandaises* sont des serres à deux v
sants. Nous en reproduisons quelques modèles
M. Schwartz et Meurer, de Paris.

Les figures 315 et 316 sont d'une *serre à reprod*
tions, elle est très basse, ne devant contenir que c
semis et boutures.

Les figures 317 et 318 sont d'une *serre cintrée à de*
versants pour fleurs en pots ou reproductions.

Les figures 319 et 320 montrent une grande se
à camélias, à vignes ou pour plantes en pleine ter

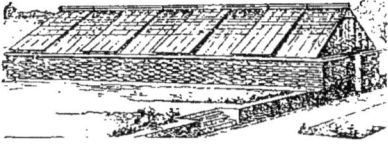
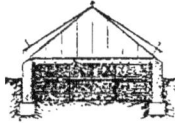

f. 315
et
316

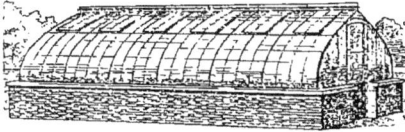
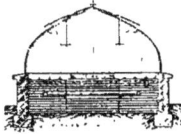

318

f. 317

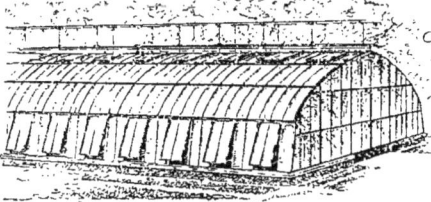

f 319 et
320

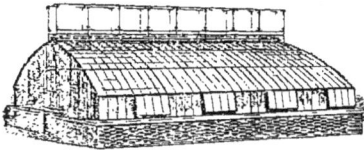

f. 321

f. 322

f 323

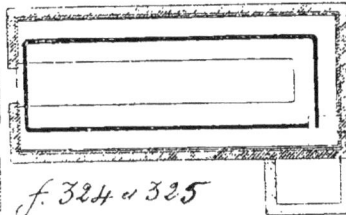

f. 324 et 325

c'est une serre cintrée à deux versants avec pieds droits et châssis ouvrants ou démontables.

Les figures 321 et 322 sont une serre cintrée à 2 versants avec pieds droits et étagères pour fleurs en pots.

La figure 323 montre un jardin d'hiver avec, de chaque côté, une serre ; l'une est une serre chaude dont la figure 324 montre le plan et la tuyauterie, l'autre est une serre tempérée dont le plan est la figure 325.

Toutes les serres hollandaises sont munies d'un chemin de faîtage dont l'usage a déjà été expliqué.

Toutes les ferrures des serres doivent être peintes à 2 couches minimum et 1 couche peinture huile.

Les figures suivantes montrent divers appareils de chauffage pour les serres. La figure 326 est un fourneau en *fer à cheval* en tôle d'acier ; la figure 328 une chaudière verticale en cuivre, tubulaire ; la figure 327 est une chaudière fer à cheval avec bouilleurs ; cette chaudière est en tôle d'acier. Les figures 329 à 331 montrent une chaudière portative en cuivre avec bouilleurs. Ces modèles sont de MM. Schwartz et Meurer, de Paris, ils sont construits pour le chauffage à l'eau chaude circulant en thermo-siphon dans des tubes en cuivre ou en fonte placés tout autour du soubassement de la serre.

Ces chaudières coûtent :

Fig. 326. — 155 à 400 fr. pour 35 à 120 mètres de tuyaux.
Fig. 327. — 215 à 400 fr. pour 60 à 160   —
Fig. 328. — 250 à 800 fr. pour 50 à 400   —

Voici, d'après les usines Pantz, les prix des serres en fer, non compris maçonnerie ni vitrages.

Serre à vigne adossée composée de châssis mobiles.................................... Mètre superf.   10

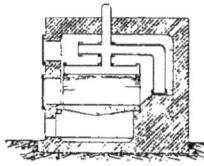

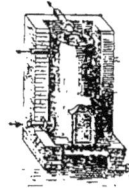

f. 326

327

328

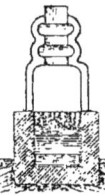

329

330

331

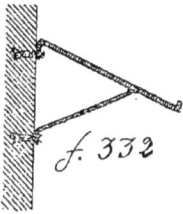

f. 332

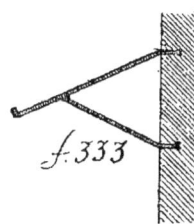

f. 333

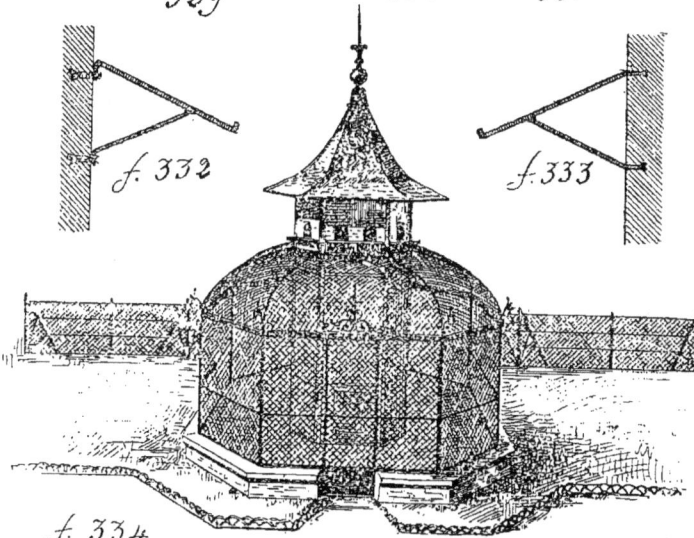

f. 334

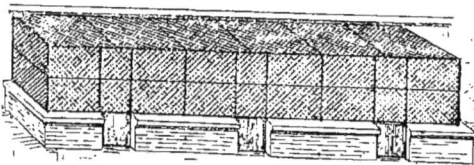

336

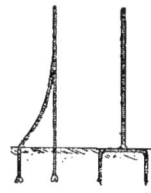

f. 335

337

Serre à multiplication droite à 2 versants composés
de châssis mobiles :

Charpente de vitrage et châssis Mètre superf.	12	»

Serre à multiplication droite adossée composée de
châssis mobiles :

Charpente de vitrage et châssis Mètre superf.	11	»
Supports et armatures de tablettes de bâche, largeur 0 m. 75 .... Mètre cour.	11	»
Fond de tablettes en tôle galvanisée.. Mètre carré	7	»
Gradin adossé. Crémaillère à consoles en fer. Console	2	50
Plus-value, par vantail de porte, compris serrure.	25	»
Serre droite à 2 versants, charpentes de vitrage. Mètre superf.	11	»
Serre cintrée à 2 versants .... —	12	»
Supports et armature de tablettes de bâches, largeur 0 m. 75 .... Mètre cour.	11	»
Fond des tablettes tôle galvanisée ... Mètre carré	7	»
Gradins crémaillère adossée .... Console	2	50
— — à 2 versants ...... —	2	50
— tablettes en fer pour gradins, largeur 0 m. 25 .... Mètre cour.	6	»
Etagère suspendue avec ses supports et 2 tablettes de 10 à 12 cm. de largeur .... —	7	»
Garde de corps sur mur .... —	4	»
Chemin de service tout en fer forgé .. —	14	»
Garde corps à 1 rampe sur serre .... —	6	»
— orné — ..... —	9	»
Echelle en fer (serre n° 5) .... —	7	»
Escalier — à 2 rampes .... —	40	»
Claies à ombrer en bois, montées avec chaînes en fil de fer galvanisé ne pouvant pas se décrocher, peintes à 2 couches .... Mètre carré	5	»
Accessoires pour poses de claies-anneaux crampons, ficelles, etc ..... —	0	75
Plus-values pour châssis-ouvrants .... pièce	5	»
— par vantail de porte, compris serrure .... —	25	»
Prix de la ferronnerie d'une serre droite à 2 versants n° 5, largeur 3 m. 75, longueur 6 mètres, suivant plan n° 6, comprenant 2 pignons vitrés et accessoires	1059	»
Prix de la ferronnerie d'une serre cintrée à 2 versants n° 6, largeur 3 m. 75, longueur 7 m. 50, suivant plan n° 7, comprenant 2 pignons vitrés et accessoires sans abri du chauffage	1448	»
Abri du chauffage ...	72	»

La figure 333 montre une ferrure pour vitrages d'abris d'espaliers et la figure 332 est la même ferrure mais démontable ; les figures 336 et 337 sont des supports pour fils de fer d'espaliers, on les fait en fers carrés ou en fers T ou cornières.

Enfin les figures 334 et 335 montrent des spécimens de volières, poulaillers et clôtures en fer, d'après MM. Schwartz et Meurer. Ces constructions légères sont en fers carrés et en fers à T ; les grillages en fil de fer galvanisés peuvent être faits sur place ou constitués par des grillages en fils ondulés (fig. 204) fixés avec des vis contre les armatures de fer profilé.

Pour les : *Escaliers en fer,*
Ascenseurs,
Monte-charges,
voir le 14e volume.

Pour les : *Sonnettes et Sonneries d'appartement,*
Porte-voix, etc.
voir le 13e volume.

CHAPITRE XIII

CLOTURES EN TOLE ONDULÉE GALVANISÉE

La figure ci-après montre une manière de constituer une clôture très résistante, bon marché et difficilement franchissable, au moyen de feuilles de tôle ondulée dont l'extrémité haute est taillée en pointes. Les poteaux soutenant la clôture sont formés de fers en I entre lesquels sont fixées des cornières formant traverses ; la réunion des poteaux avec les traverses se fait facilement au moyen d'équerres que l'on trouve toutes faites dans le commerce (fig. 338).

Les tôles ondulées galvanisées se font en longueurs de 1 m. 65 et 2 mètres ; une seule feuille de tôle en hauteur permet donc de faire une clôture assez haute pour empêcher la vue et l'escalade.

Les tôles sont fixées sur les cornières par de petits boulons ou des rivets posés à froid.

Le prix de revient de ce genre de clôture varie de 12 à 15 francs le mètre courant, selon la hauteur de la tôle.

Il faut sceller les pieds des poteaux en fer dans du

béton de ciment ou avec des pierres et du mortier de chaux hydraulique, ce qui assure leur conservation ; en les posant à même la terre, ils se rouilleraient

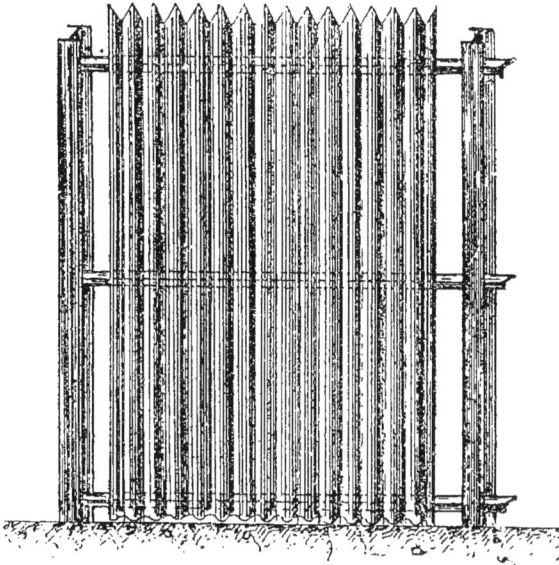

Fig. 338.

rapidement ; les parties extérieures des poteaux et traverses sont peintes à deux couches minium et teinte au choix.

(Pour les dimensions des tôles, fers I et cornières, voir le volume V, *Charpentes en fer* et VI, *Couverture des Bâtiments.*)

CHAPITRE XIV

EMPLOI DES TUBES EN FER DANS LES TRAVAUX DE SERRURERIE

Les tubes de fer ou d'acier, que l'industrie métal lurgique fournit à des prix très modérés, offrent une grande ressource aux serruriers pour la confection des divers ouvrages tels que : barrières et mains-courantes, poteaux légers, encadrements pour grillages, etc.

Le tube en fer est évidemment beaucoup plus léger qu'une barre pleine de même diamètre, ainsi qu'on pourra s'en rendre compte en comparant les poids, indiqués dans les tableaux ci-après, avec les poids des fers ronds indiqués dans notre volume V (*Charpentes métalliques*) ; mais une barre de fer pleine n'est pas sensiblement plus rigide qu'un tube en fer soudé par recouvrement.

Il y a donc un avantage certain dans l'emploi des tubes quand on veut obtenir un ouvrage rigide et léger ayant cependant l'aspect massif nécessaire au coup d'œil.

Les tubes en fer du commerce sont de plusieurs sortes, selon leur mode de fabrication :

1º Les *tubes légers* ou *tubes pour stores*, formés de tôles minces roulées et soudées à chaud *par rapprochement* des bords de la tôle.

Ces tubes sont vendus sans aucune garantie de résistance ni d'étanchéité de la soudure ; ils ne peuvent supporter aucune pression intérieure.

Leur faible épaisseur ne permet pas de les fileter et on les assemble sur des raccords en fonte malléable soit par soudure à l'étain, soit par brasure au cuivre, soit encore par sertissage.

Les tubes *stores* sont encore employés pour former les rouleaux et armatures des stores et bannes.

Le tableau ci-dessous donne les dimensions et caractéristiques des tubes-stores.

TUBES LÉGERS POUR TRAVAUX DE SERRURERIE
STORES; GRILLES, CLOTURES, RAMPES D'ESCALIERS, BALCONS
TUTEURS, JALONS, ÉCHELLES, MEUBLES, ETC

Diamètre extérieur en m/m...	14	16	18	20	22	25	28	30	32	35	40	45	50	55	60
Épaisseur approximative en m/m	1 3/4	1 3/4	1 3/4	2	2	2	2	2	2	2 1/4	2 1/4	2 1/4	2 1/2	2 1/2	3
Poids approximatif.. le mètre	0.550	0.620	0.700	0.890	0.980	1.120	1.280	1.370	1.470	1.810	2.100	2.350	2.900	3.220	4.190
Tube de long. tout venant le m.	0.70	0.80	0.90	1	1.10	1.25	1.40	1.55	1.65	2.10	3	1.80	5		

Ces tubes doivent toujours être désignés par leur diamètre extérieur
Ces tubes soudés par rapprochement simple, ne sont pas éprouvés donc impropres à la canalisation des gaz et des liquides La livraison en est faite sans garantie de résistance au travail de renflement, de cintrage, etc
Ces tubes ne sont ni taraudés ni manchonnés

2º Les tubes en fer dits *tubes à gaz*, soudés par *rapprochement* pour les diamètres jusqu'à 60 millimètres extérieur, et par *recouvrement* pour les diamètres au-dessus de 60 millimètres.

Dans cette série, les épaisseurs sont assez fortes pour supporter le filetage qui permet de réunir entre eux les tubes au moyen d'une série très considérable et très commode de *raccords* en fer ou en fonte malléable, taraudés aux mêmes pas que les tubes.

Les tubes à gaz sont éprouvés à 10 kilos de pression intérieure pour ceux soudés par rapprochement, et à 50 kilos pour ceux soudés par recouvrement. Les soudures sont garanties étanches ; ces tubes conviennent pour les travaux de serrurerie où l'on veut obtenir un aspect massif des armatures, en même temps qu'une grande rigidité, jointes à la légèreté.

La figure 339 ci-dessous montre les séries de coudes et raccords *en fer* pour ces tubes et le tableau ci-après en donne la nomenclature et les caractéristiques ; les prix portés dans ce tableau sont susceptibles d'un rabais considérable de la part du vendeur (60 p. 100 et même plus, selon les cours du fer).

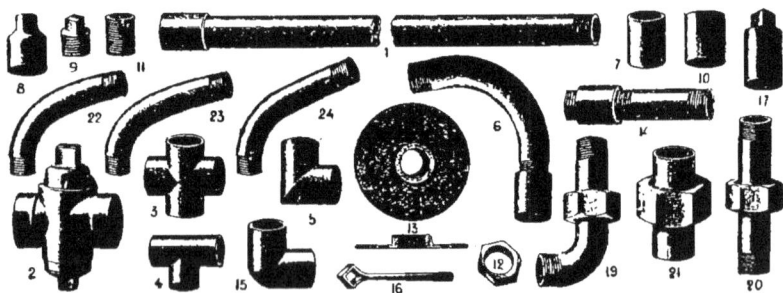

Fig. 339. — Raccords en fer filetés et taraudés
à l'usine de fabrication.

Pour le travail des tubes en fer, il existe un outillage tout à fait spécial que représentent les figures de la planche 340 ; cet outillage comporte :

1° Les *coupe-tubes* qui *tranchent* circulairement le tube au moyen de *molettes* en acier trempé dur ; ce travail se fait avec rapidité et économie, car les molettes durent à peu près indéfiniment lorsque l'ouvrier s'en sert avec soin et habileté. Avoir la précaution de graisser abondamment les molettes avec de l'huile propre.

Les *pinces* et *serre-tubes* à chaîne ou à griffes permettent de serrer à refus les tubes sur leurs raccords.

Les *étaux* spéciaux pour serrer les tubes entre des mâchoires en V, qui n'aplatissent pas le tube comme le ferait un étau à mâchoires plates.

Enfin les filières à *lunettes*, à *coussinets* ou à *peignes ajustables*, pour fileter l'extrémité des tubes après qu'on les a coupés de longueur, les *tarauds* et *tourne-à-gauche* pour tarauder les raccords.

Dans les usines importantes, le taraudage des tubes se fait à la machine, soit à bras soit au moteur. Les gravures de la planche 341 montrent deux spécimens de ces machines marchant au moteur et une machine à bras d'homme ; le tube est serré dans un étau et la filière tourne au centre d'un plateau entraîné par des engrenages.

Il faut arroser d'huile la filière pendant toute la durée du travail qui se fait très vite, le filet de vis étant obtenu en une seule passe.

Nous avons représenté, figure 339, les raccords en fer pour tubes, mais il nous reste à signaler les raccords en *fonte malléable* qui, coûtant moins cher que ceux en fer, sont aussi solides et présentent une bien plus grande variété. Ces raccords en fonte malléable sont aussi plus élégants que ceux en fer.

Il existe dans la série des raccords en fonte malléable tous les modèles de la figure 339, ainsi que tous les *manchons* ou *mamelons* de *réduction* permettant d'employer les uns avec les autres des tubes de diamètres très différents ; il existe aussi dans cette série des *coudes* et des *tés de réduction* avec côtés mâles ou femelles au choix ; ceci est déjà très intéressant pour les travaux de mécanique, de plomberie et de serrurerie.

Mais voici représentées par nos planches 342 et 343, des séries tout à fait nouvelles de raccords en

TUBES TARAUDÉS ET MANCHONNÉS ET RACCORDS POUR CONDUITES D'EAU ET DE GAZ

Épreuve hydraulique : 10 kilos   Épreuve hydraulique : 50 kilos

	TUBES SOUDÉS PAR RAPPROCHEMENT									TUBES SOUDÉS PAR RECOUVREMENT						
DIAMÈTRE INTÉRIEUR EN POUCES	1/8	1/4	3/8	1/2	3/4	1	1 1/4	1 1/2	2	2 1/4	2 1/2	2 3/4	3	3 1/2	4	
DIAMÈTRE INTÉRIEUR EN M/M	5	8	12	15	20	26	33	40	50	60	66	72	80	90	100	102
DIAMÈTRE EXTÉRIEUR EN M/M	11	13	17	21	27	33	42	49	60	70	78	82	90	102	110	114
POIDS APPROXIMATIF DU MÈTRE TARAUDÉ ET MANCHONNÉ	0.440	0.600	0.900	1.250	1.800	2.770	3.800	4.750	6.580	7.440	8.240	9.060	10.800	12.540	12.850	14.200
1 Tubes de longueur tout venant, taraudés « manchonnés, le mètre	1.25	1.35	1.50	1.90	2.60	3.70	5.25	6.55	9. "	14.65	16. "	19.50	22. "	28. "	36. "	36. "
2 Robinets à boisseaux, la pièce	3. "	3. "	3.60	4.75	6.30	9.20	12.40	15.85	28. "	40. "	57.05	70.60	84.60	117.65	150.25	150.25
3 Croix, côtés égaux ou inégaux	1.80	1.80	2.15	2.50	3.10	4.05	5.35	6.60	10.65	18.90	28.20	36.75	52.50	74.50	88.85	88.85
4 Tés égaux ou a réductions centrales (¹)	1. "	1. "	1.20	1.30	1.70	2. "	2.95	3.60	6.15	9.35	13.30	17.20	22.50	32.	41.	41.
5 Coudes droits, côtés égaux ou inégaux	0.95	0.95	1.05	1.15	1.35	1.85	2.55	3.45	5.40	8.75	12.45	15.85	20. "	30. "	38. "	38.
6 Coudes ronds à 90° et à 45°	0.90	0.90	1.10	1.40	1.60	2.30	3.95	4.65	7.65	12.75	18.05	22.30	24.55	36. "	46. "	46.
7 Manchons droits	0.30	0.30	0.30	0.40	0.50	0.65	0.85	1.10	1.75	2.80	3.75	4.50	5.20	7.50	9. "	9. "
8 Manchons de réduction (¹)	0.35	0.35	0.45	0.60	0.70	0.80	1.10	1.40	2.10	3.60	4.80	5.75	7.50	10.50	14.50	14.50

		52	65	75	80	103	115	128	140	153	165	175	190	193	200	230	230
9	Bouchons mâles	0.35	0.35	0.45	0.60	0.70	0.80	1.10	1.40	2."	3.30	4.50	5.73	7.50	10.50	14.50	14.50
10	Bouchons femelles	0.40	0.40	0.50	0.70	0.80	1."	1.55	1.95	2.95	4.55	6.80	7.95	9.10	14."	15.7"	15.13
11	Mamelons	0.25	0.25	0.30	0.40	0.50	0.60	0.80	0.95	1.65	2.50	3.75	4.50	5.20	7.50	9."	9."
12	Écrous	0.25	0.25	0.30	0.40	0.50	0.70	0.80	0.95	1.75	2.50	3.75	4.50	5.20	7.50	9."	9."
13	Rondelles (brides)	1."	1."	1.20	1.50	1.70	2."	2.60	4.05	4.35	6.05	7.70	10."	12.50	14.50	17.50	17.50
14	Longue-vis	1."	1."	1.30	1.50	2."	2.95	3.83	4.75	7.05	9.35	12.55	14.75	15.95	23.85	23.85	28.85
15	Coudes droits arrondis	1.20	1.20	1.30	1.55	1.85	2.20	3.25	3.80	7.55	10.55	12.15	18.50	22.30	36."	46."	46."
16	Clés pour robinets	"	"	2.05	2.25	2.95	4.05	4.35	4.85	5.95	6.85	8.40	10.25	12.35	16.25	18.95	18.95
17	Bouchons femelles, tête carrée	"	"	1."	1."	2."	2.50	3.90	4.90	7.40	"	"	"	"	"	"	"
18	Manchons droite et gauche	0.60	0.60	0.60	0.80	1."	1.30	1.70	2.20	3.50	5.60	7.50	9."	10.40	15."	18."	18."
19	Coudes ronds unions	3.45	3.45	4.05	5.10	6.70	8.30	11.55	13.50	18.40	28.55	37."	47.95	50.10	66.35	78.25	78.25
20-21	Unions, mâles et femelles	2.70	2.70	3.30	4.10	5.40	7.50	9.20	11.20	13.80	20.60	24.45	28.05	31.20	37.95	47.35	47.35
	Coupe et taraudage	0.25	0.25	0.30	0.40	0.50	0.60	0.80	0.95	1.65	2.50	3.75	4.50	5.20	7.50	9."	9."
	DIAMÈTRE DES RONDELLES EN M/M	52	65	75	80	103	115	128	140	153	165	175	190	193	200	230	230

(1) Les Tés et les Manchons à réduction réduits de plus de deux diamètres sont facturés au prix du diamètre au-dessus de la plus grande dimension.

Lorsque les commandes n'indiqueront qu'un seul diamètre, elles seront livrées au diamètre intérieur.

Tous les raccords se désignent par le diamètre intérieur des tubes sur lesquels ils s'adaptent.

Les commandes de raccords inégaux doivent être données dans l'ordre suivant:

Exemples : Té $\dfrac{1}{27} - \dfrac{2}{21} - \dfrac{3}{15}$ Croix $\dfrac{1}{40} - \dfrac{2}{33} - \dfrac{3}{27} - \dfrac{4}{21}$

9

FILIÈRES A LUNETTES ET A GUIDES

FARAUDANT D'UNE SEULE PASSE

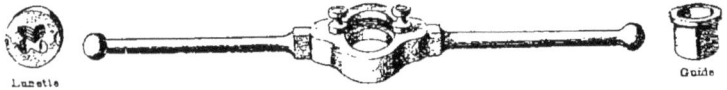

Lunette   Guide

TARAUDS

TOURNE A GAUCHE POUR TARAUDS

PINCES & SERRE-TUBES   COUPE-TUBES A MOLETTE

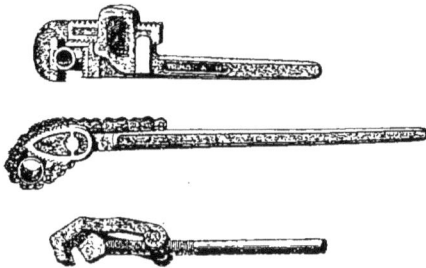
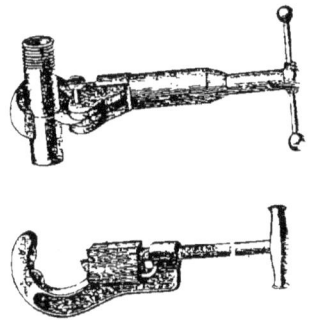

ÉTAUX

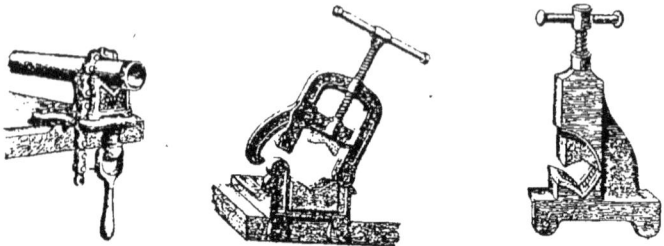

Fig. 340. — Outillage pour le travail des tubes de fer.

fonte malléable spéciaux pour la confection des grilles et balustrades. Nous avons emprunté ces gravures à l'album de MM. Wanner et Cie, 67, avenue de la Répu-

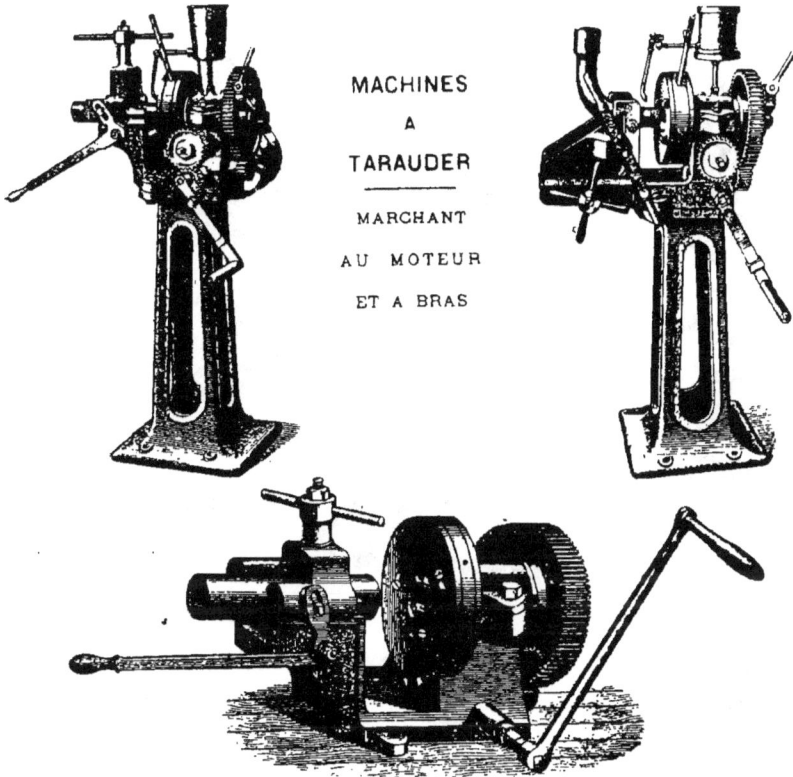

MACHINES

A

TARAUDER

———

MARCHANT

AU MOTEUR

ET A BRAS

Fig. 341.

blique, à Paris. On voit, dans la planche 342, des *équerres*, *tés* et *croix* simples, doubles, multiples, d'équerre ou obliques, et des équerres, tés et croix *articulés*, permettant d'assembler les tubes sous un angle quelconque ; ceci rend tout à fait pratique l'emploi des tubes dans les travaux de serrurerie.

Enfin la planche 343 montre toute une série d'ornements et de raccords Wanner, qui comprend des *man-*

chons, des *pièces de réduction*, des *pointes de grilles* en fers de lances, des *volutes* pour mains-courantes, des

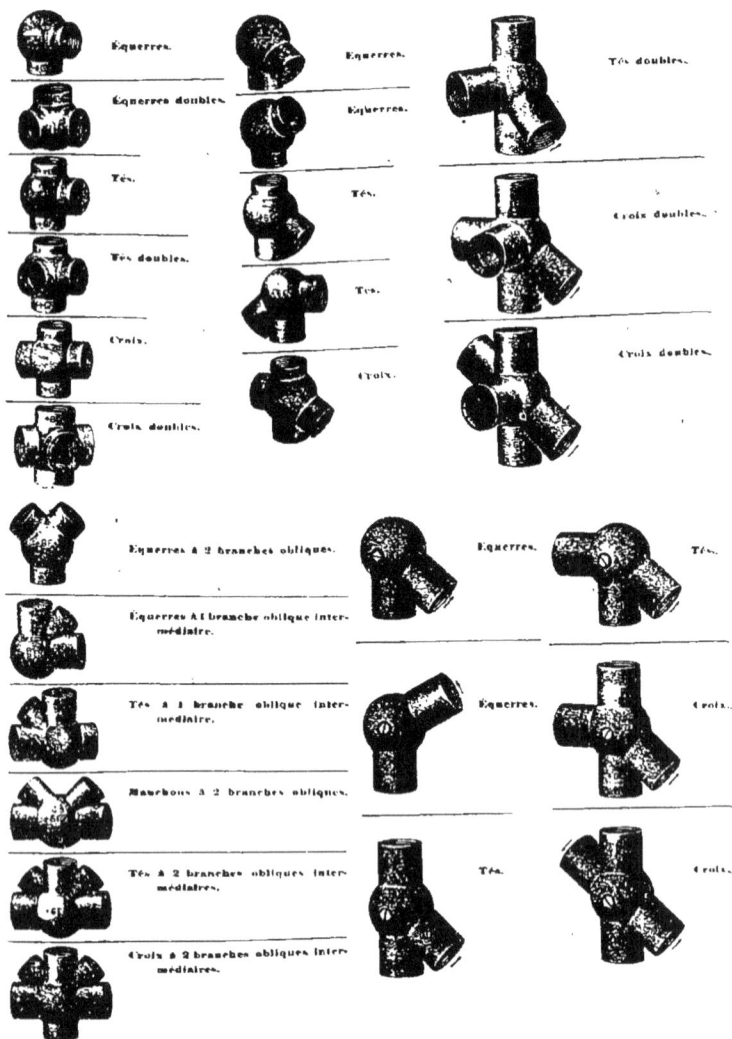

Équerres.

Équerres doubles

Tés.

Tés doubles.

Croix.

Croix doubles.

Équerres.

Équerres.

Tés.

Tés.

Croix.

Croix.

Équerres à 2 branches obliques.

Équerres à 1 branche oblique intermédiaire.

Tés à 1 branche oblique intermédiaire.

Maurhons à 2 branches obliques.

Tés à 2 branches obliques intermédiaires.

Croix à 2 branches obliques intermédiaires.

Tés doubles.

Croix doubles.

Croix doubles.

Équerres.

Tés.

Équerres.

Croix.

Tés.

Croix.

Fig. 342.

crochets pour *chaînes* de balustrades ou d'écuries, des *socles* ronds et ovales, des *butoirs*, des *gâches* ou *colliers* de scellements, des *gonds*, *charnières*, *loquets* et enfin des *serrures* ; tous ces raccords et organes exis-

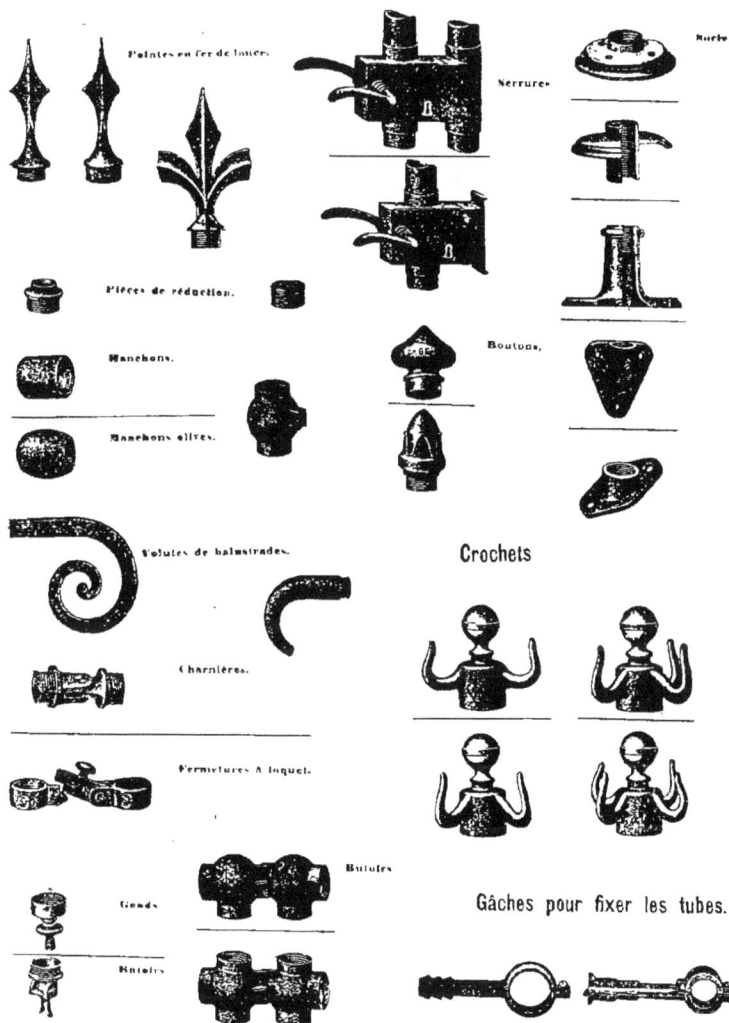

Pointes en fer de lance.

Serrures

Rurls

Pièces de réduction.

Boutons.

Manchons.

Manchons olives.

Volutes de balustrades.

Crochets

Charnières.

Fermetures à loquet.

Gâches pour fixer les tubes.

Butoirs

Gonds

Entoirs

Fig. 343.

tent pour les différents diamètres des tubes, *taraudés*
d'avance, c'est-à-dire prêts à recevoir e tube fileté.

La figure 344 montre une application des tubes en fer et des raccords en fonte ci-dessus à la confection

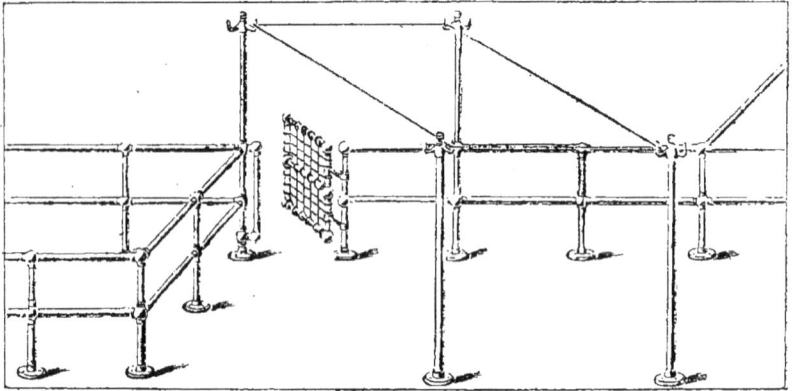

Fig. 344.

de barrières rigides et légères qui restent cependant décoratives, à cause du volume que présente le tube.

CHAPITRE XV

CONSTRUCTIONS DÉMONTABLES EN FER

Les constructions légères et démontables en fer sont du domaine de la serrurerie plutôt que de celui du charpentier en fer ; on en calculera (si l'importance de l'ouvrage l'exige) les éléments selon les principes exposés dans le volume V de cette petite Encyclopédie. Ces constructions se font au moyen de fers en T, en I, en L ou en U, assemblés par des *goussets* en tôle, des *équerres* et des boulons ; l'équerre ou le gousset peuvent être rivés sur l'un des éléments à assembler et boulonnés sur le suivant. Les parois sont formées de plaques de tôle de 1 à 3 millimètres d'épaisseur, peintes au minium deux couches ou galvanisées, rivées sur les cadres des panneaux formés par les divers éléments de la charpente ou armature.

Si l'on désire obtenir une protection efficace contre le froid et la chaleur, il faut constituer les murailles par une double paroi de deux feuilles de tôle distantes de 11 à 22 centimètres, entre lesquelles on place des briques de *liège aggloméré* ou toute autre matière isolante de la chaleur.

Il va sans dire qu'un tel mode de remplissage des panneaux de murs revient beaucoup plus cher qu'un remplissage en maçonnerie de carreaux de plâtre et même de briques ou d'agglomérés de ciment (*parpaings*). Aussi se borne-t-on le plus souvent à faire une ossature légère et démontable en fers profilés entre lesquels on monte la maçonnerie légère qui est sacrifiée lorsque l'on veut déplacer le bâtiment.

On peut encore constituer les revêtements de ces constructions démontables au moyen de *tôles ondulées galvanisées*, agrafées par des crochets tels que nous les avons décrits au volume V (*Couverture des bâtiments*).

La figure 345 ci-dessous est une curieuse applica-

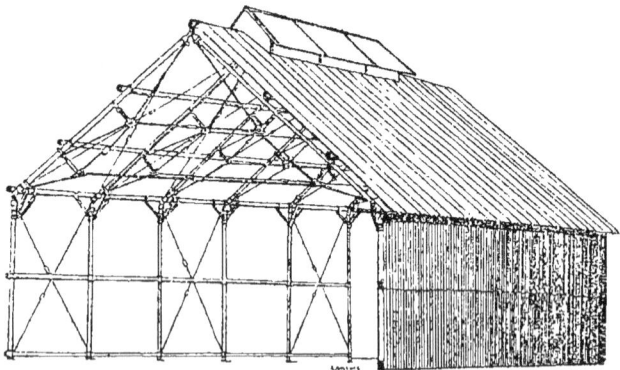

Fig. 345.

tion des tubes en fer à la construction d'une charpente démontable très légère par le fait même de sa constitution en corps creux, cependant rigides.

Ces charpentes, du système King, sont formées de tubes réunis par des raccords spéciaux et roidis par des haubans en fils d'acier. La toiture et les parois sont en tôles ondulées galvanisées, agrafées sur la carcasse de tubes.

TABLE DES MATIÈRES

Orléans. — Imp. H. Tessier.

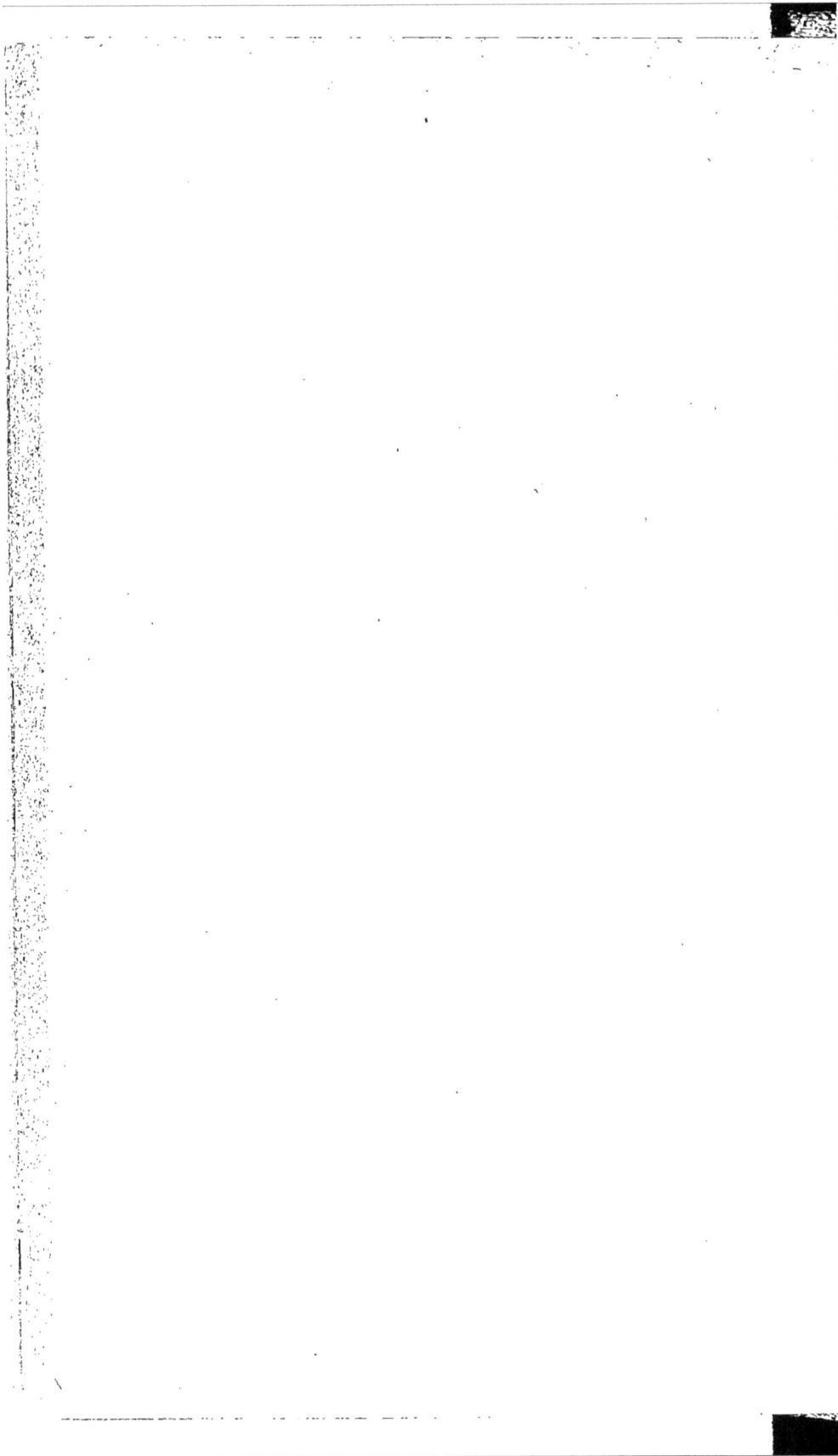

LIBRAIRIE GÉNÉRALE SCIENTIFIQUE ET INDUSTRIELLE

H. DESFORGES

29, Quai des Grands-Augustins, PARIS-VIe.

Envoi FRANCO contre mandat-poste ou valeur sur Paris

VIENT DE PARAITRE :

MONTAGE, CONDUITE ET ENTRETIEN

DES

Moteurs Industriels

ET AGRICOLES

(Gaz, Pétrole, Essence, Alcool)

MANUEL PRATIQUE

PAR RENÉ CHAMPLY

1 vol. in-8 de 320 pages avec 220 figures et 2 planches hors texte, 1912.
Broché, **5 fr.** — Relié percaline, **6 fr.**

PRÉFACE

Le moteur à gaz ou à pétrole est devenu l'aide indispensable de l'industriel et de l'agriculteur. Avec les prix actuels de la main-d'œuvre humaine, il est impossible de gagner de l'argent avec un atelier sans force motrice pas plus qu'avec une exploitation agricole qui emploie les procédés de nos ancêtres

Il faut donc que tous ceux qui travaillent dans les ateliers ou dans les fermes sachent conduire et soigner un moteur, comme il était autrefois indispensable de savoir conduire et soigner un cheval.

Ce livre est destiné à apprendre aux chefs d'ateliers, aux propriétaires ruraux, aux fermiers et surtout aux ouvriers industriels et agricoles, ce que c'est qu'un moteur, comment il est fait, comment il fonctionne, comment on doit l'installer, le conduire et l'entretenir pour en tirer le meilleur parti possible.

Nous avons évité avec soin, dans sa rédaction, tous les termes techniques, toutes les formules, toutes les considérations scientifiques ; nous avons insisté au contraire sur le côté pratique et sur les détails les plus minimes afin de mettre notre travail à la portée de tous les gens intelligents qui savent seulement lire.

C'est ainsi que nous pensons être utile aux industriels et aux agriculteurs qui trouveront dans ce volume l'instruction nécessaire pour bien utiliser un moteur. Ce moteur doit être installé partout où peinait jadis un homme ou un cheval : c'est la loi du progrès.

RENÉ CHAMPLY.

FORMULAIRE

DE

L'OUVRIER

Mécanicien, Electricien, Automobiliste
Constructeur, Aviateur, etc.

PAR

H. de GRAFFIGNY

Ingénieur Civil

1 vol. in-12 de 284 pages, avec 105 figures explicatives, cartonné percaline, 1911 . . . . **4 fr. 50**

Le succès croissant remporté par les *Aide-Mémoire* et autres recueils de renseignements techniques à l'usage des ingénieurs de toute spécialité : mines, travaux publics, électriciens, constructeurs, etc., prouve quelle est la grande et incontestable utilité de ces ouvrages pour les techniciens.

Mais les ouvriers qui, en dehors de leur instruction professionnelle, ne possèdent que d'insuffisantes notions scientifiques, ne peuvent aucunement profiter de ces recueils dont la lecture n'est compréhensible et avantageuse que pour les personnes ayant fait des mathématiques et qui sont familiarisées avec les notations et formules algébriques et les intégrales.

C'est pourquoi nous avons pensé qu'à côté de ces volumes qui permettent d'abréger les calculs compliqués servant de base aux constructions mécaniques de toute espèce, il y avait place pour un *Formulaire...* sans formules, ou tout au moins, ne contenant que des formules les plus élémentaires et les plus indispensables, ainsi que les résultats des calculs que les travailleurs des métaux ont à appliquer journellement au cours de leurs diverses opérations : modelage, forge, filetage, etc.

Un auteur, bien connu ar ses nombreux ouvrages pratiques et de vulgarisation, H. de Graffigny, a réalisé ce programme du véritable *vade-mecum* de l'ouvrier mécanicien, électricien, automobiliste, aviateur etc. Les élèves des écoles professionnelles, les apprentis tourneurs, ajusteurs, monteurs-électriciens, trouveront dans ce volume une mine précieuse de renseignements de toute espèce, méthodiquement réunis, classés et rédigés en un langage clair et concis, accessible à tous, praticiens et amateurs, gens du monde et professionnels.

Le prospectus détaillé sera envoyé franco sur demande.

LIBRAIRIE GÉNÉRALE SCIENTIFIQUE ET INDUSTRIELLE
H. DESFORGES
29, Quai des Grands-Augustins, PARIS-VIᵉ.

Envoi FRANCO contre mandat-poste

NOUVELLE COLLECTION

DE

RECUEILS DE RECETTES RATIONNELLES

LA

COLORATION DES MÉTAUX

Nettoyage – Polissage – Patinage – Oxydation
Métallisation – Peinture – Vernissage

PAR

Jacques MICHEL-ROUSSET

1 vol. in-12 broché avec fig. 1912................. **3 fr.**

Sous une heureuse formule tout à fait nouvelle, l'auteur a réuni les nombreuses recettes publiées dans les périodiques français et étrangers sur cet intéressant sujet qui ne fut encore monographié qu'en allemand.

Chaque chapitre se compose d'une étude préliminaire, avec exposé des principes scientifiques sur lesquels sont basés toutes les recettes suivant ensuite sous forme bien détachée et très claire.

L'auteur passe ainsi successivement en revue de façon très complète : le nettoyage des métaux (décapage, dérochage, polissage), puis le bronzage et oxydation du fer, le patinage du cuivre et des alliages divers : laiton, bronzes de monnaies et médailles, etc. Le zinc, l'étain, l'alunium, l'argent sont passés en revue dans les chapitres suivants, comme aussi les procédés de patinage applicables sur tout métal. La métallisation : dorure, argenture, étamage, zincage, etc., par les métaux fondus, les solutions, poudres et procédés divers, est ensuite étudiée très complètement. L'ouvrage est terminé par une étude fort documentée consacrée aux peintures et vernis pour métaux, en particulier les peintures antirouille pour le fer et les vernis incolores pour le laiton.

NOUVELLE ENCYCLOPÉDIE PRATIQUE
DU BATIMENT ET DE L'HABITATION

RÉDIGÉE PAR

René CHAMPLY

INGÉNIEUR

avec le concours d'Architectes et d'Ingénieurs spécialistes

Cette Encyclopédie comprendra 15 volumes avec nombreuses figures

Nomenclature des ouvrages de la collection :

* 1er volume : Choix des terrains. — Arpentage. — Nivellement. — Terrassements. — Sondages. — Fondations.

* 2e volume : Maçonnerie. — Pierre. — Brique. — Pierres artificielles. — Mortiers. — Pisé et torchis.

* 3e volume : Travaux en ciment et béton armé.

* 4e volume : Charpentes en bois et échafaudages.

* 5e volume : Charpentes métalliques.

* 6e volume : Couverture des bâtiments.

* 7e volume : Menuiserie.

* 8e volume : Serrurerie. — Fermetures en fer. — Stores et bannes. — Serres.

9e volume : Peinture et vitrerie. — Revêtements intérieurs et extérieurs.

10e volume : Chauffage et ventilation.

11e volume : Eclairages divers. — Electricité. — Gaz. — Acétylène. — Gaz d'essence. — Alcool et pétrole.

12e volume : Eau et assainissement. — Fosses septiques.

13e volume : Sonneries d'appartement. — Téléphones. — Porte-voix. — Paratonnerres.

14e volume : Escaliers, ascenseurs et monte-charges.

15e volume : Architecture à la ville et à la campagne. — Plans de maisons et villas.

Prix de chaque volume { Broché . . . . 1 fr. 50
{ Relié percaline . 2 fr.

Les volumes publiés sont indiqués par un astérisque (*).

www.ingramcontent.com/pod-product-compliance
Lightning Source LLC
Chambersburg PA
CBHW071914200326
41519CB00016B/4604